Frauen führen besser!

Wenn sie sich trauen authentisch zu sein

Henrike Wilkes

Frauen führen besser!

Wenn sie sich trauen authentisch zu sein

Die Deutsche Nationalbibliothek verzeichnet diese Publikation in der Deutschen Nationalbibliografie; detaillierte bibliografische Daten sind im Internet über https://dnb.ddb.de abrufbar.

Henrike Wilkes
Frauen führen besser!
Wenn sie sich trauen authentisch zu sein

1. Auflage 2024
KVM-Verlag in der Quintessenz Verlags-GmbH
Postfach 42 04 52; D–12064 Berlin
Ifenpfad 2–4, D–12107 Berlin

Lektorat: Renate Mannaa, Berlin
Gesamtherstellung: Quintessenz Verlags-GmbH, Berlin
Druck: GZH d.o.o. (www.gzh.hr), Zagreb

Printed in Croatia
ISBN: 978-3-86867-679-2

www.kvm-verlag.de

Ich widme dieses Buch meiner Mutter, Beate Wilkes, die vor vielen Jahren leider viel zu früh verstorben ist. Sie war es, die mir die Liebe zu Buchstaben vererbt hat. Als Deutschlehrerin hatte sie eine Leidenschaft für klassische Literatur in unterschiedlichen Sprachen. Bücher gehörten für sie immer als Geschenk auf jeden Gabentisch und sie las uns, meinem Bruder und mir, stundenlang abends zum Einschlafen aus unseren Kinderbüchern vor. Meine liebe Mutti, ich bin sicher, Du blickst voll Freude zu mir herunter und bist vielleicht ein bisschen stolz, dass sich Deine Leidenschaft für Buchstaben in meinem Lebensweg wiederfindet.

Vorwort

Mein beruflicher Werdegang und meine persönliche Entwicklung sind eng verknüpft. Das gilt nicht nur für mich. Ich gehe so weit zu sagen, dass beides voneinander abhängig ist und sich gegenseitig beflügeln, aber auch hemmen kann. In meinem Fall sehe ich vor allem den positiven Aspekt und die auf meinem Weg gewonnenen Erkenntnisse und Erfahrungen möchte ich gern mit Euch teilen und hoffe, Euch damit auf Eurem Karriereweg zu unterstützen oder dazu zu inspirieren.

Dass jedes Vorstandsmitglied der Aktiengesellschaft, in der ich arbeitete, mich und meinen Namen kannte, war nicht selbstverständlich. Schon gar nicht, wenn man eine von mehreren Hundert Führungskräften ist. Ich hatte mir im Laufe meiner Karriere einen Namen gemacht. Dies war zu Beginn meiner Laufbahn in diesem Unternehmen nicht unbedingt absehbar. Klar, ich war ehrgeizig, ambitioniert und wollte „Karriere“ machen, bloß hatte ich mir nicht vorstellen können, „tough“ genug dafür zu sein. Ich war schließlich eine Frau, eine hoch emotionale noch dazu, die meist schneller spricht, als sie denkt, und daher oft Gefahr läuft, sich um Kopf und Kragen zu reden. Zwar hatte ich zwei Hochschulabschlüsse, aber mit meiner Karriere in der Hotellerie war ich nicht typisch ausgebildet für die männerdominierte Versicherungs- und Finanzdienstleistungsbranche. Dass mich wahrscheinlich gerade diese Voraussetzungen so weit gebracht haben, wie ich gekommen bin, ist mir inzwischen klar geworden.

Angefangen habe ich in dem Konzern als dreißigjährige Studienabsolventin im Rahmen eines Führungskräftenachwuchsprogramms, welches eine straffe Karriere ins mittlere Management versprach, so man sich dafür eignete und die einzelnen Schritte erfolgreich meisterte. Meine ersten Schritte fanden an der absoluten Basis statt – in der Beratung und im Verkauf von Versicherungen; man musste schließlich wissen, wovon man sprach. Das finde ich heute immer noch wichtig. Ziemlich schnell ging es aber dann in die hauseigene Führungskräfteentwicklung und anschließend in meine erste Führungsposition im Vertrieb.

Gerade der Vertrieb lebt von der Motivation der Mitarbeiter und der Verkäufer. Das schien mir besonders gut zu liegen und ich hatte einen Riesenspaß dabei. Schnell merkte ich, dass die Zusammenarbeit und die Weiterentwicklung von Menschen meine Leidenschaft sind, und entschied mich, die Personalführung weiter zu verfolgen und die fachlichen Themengebiete eher anderen zu überlassen.

Ich machte mir Gedanken über einen eigenen Führungsstil und meine Positionierung und fing an, mich im Bereich Coaching weiterzubilden, was ich in meinen Führungskräftealltag sehr gut einbauen konnte. Dabei versuchte ich immer, ich selbst zu bleiben und authentisch zu sein, auch auf die Gefahr hin, unkonventionelle Dinge zu tun, die man von einer Managerin nicht erwartet; hier kommen Pippi Langstrumpf und die Pferde ins Spiel.

Genau dies ist für mich das Entscheidende: die eigene Persönlichkeit authentisch in seinen Führungsstil einfließen zu lassen, damit man von der Führungs*kraft* zur Führungs*persönlichkeit* wird. Mittlerweile bin ich das – eine geschätzte Führungspersönlichkeit des mittleren Managements, die Nachwuchsführungskräften dabei hilft, sich zu gestandenen Führungspersönlichkeiten zu entwickeln.

Vielfach habe ich beobachtet, dass sich gerade Frauen oft schwertun, authentisch zu sein, und ich behaupte, dass Frauen dann wesentlich besser führen, wenn sie sich trauen, authentisch zu sein. Wer jetzt jedoch meint, Authentizität sei das Einzige, was einen zur erfolgreichen Führungskraft macht, der irrt. Es gehören viel harte Arbeit, Fleiß, Tränen und Schweiß dazu. Die Bereitschaft, in sich selbst zu investieren, gehört genauso dazu wie das Vermögen, über sich selbst nachzudenken, sich manchmal infrage zu stellen. Aber es lohnt sich!

Für mich gibt es nichts Schöneres, als zu sehen, wie sich Mitarbeiter unter meiner Begleitung so erfolgreich entwickeln, dass sie nicht nur ihren Beitrag zum Unternehmenserfolg leisten, sondern selbst zur erfolgreichen Führungspersönlichkeit werden.

Ich habe dieses Buch geschrieben, um jungen Menschen Mut zu machen, den Schritt in Richtung Führungskarriere zu gehen, so sie denn Interesse daran haben und ein gewisses Potenzial vorweisen. Da Frauen erfahrungsgemäß an der ein oder anderen Stelle entweder von Einflussfaktoren ausgebremst werden oder es zulassen, sich selbst auszubremsen, beziehe ich mich in der Hauptsache auf Frauen. Vieles trifft auch auf Männer zu, daher möchte ich Euch Männer selbstverständlich nicht ausschließen.

Da Du dieses Buch in den Händen hältst, gehe ich davon aus, dass Du auf der Suche nach Inspiration oder praktischen Tipps bist, wie Du Dich entweder zur Führungskraft entwickeln oder Dich als gestandene Führungskraft weiterentwickeln kannst. Daher spreche ich Dich direkt mit „Du“ an. Bitte nimm mir nicht übel, dass ich – entgegen den aktuellen Gepflogenheiten – nicht „gendern“ werde. Ich spreche jede und jeden an, der sich dafür interessiert, was ich zu sagen habe, und wenn ich beispielsweise „Mitarbeiter“ schreibe, dann meine ich natürlich immer alle Mitarbeitenden, egal welchen Geschlechts. Selbstverständlich können sich bei der weiblichen Form eines Begriffs oder einer Ansprache ebenso alle wertgeschätzt sehen, die sich in der jeweiligen Thematik wiederfinden. Ich möchte mir einfach die Freiheit erlauben, ein wenig „gegen den Strom zu schwimmen".

Ich beschreibe im Verlauf des Buches immer wieder Situationen, die ich durchlebt habe und die auf bestimmte Art und Weise meine Persönlichkeit und meinen Führungsstil geprägt haben. Vielleicht findest Du Dich in der ein oder anderen Situation wieder.

Am Ende jeden Kapitels gebe ich Dir ein paar Tipps, Ideen oder Denkanstöße, die Du für Deine Reflexion und Deinen Erkenntnisgewinn nutzen kannst. Vielleicht kann ich einigen als Vorbild dienen, obgleich ich nicht Pippi Langstrumpf, Mutter Theresa oder Vorständin eines DAX-Konzerns bin, sondern einfach nur Managerin mit Personal- und Umsatzverantwortung sowie finanzieller Unabhängigkeit. Ich wünsche Euch, meinen Lesern, nicht zuletzt auch Vergnügen bei der Lektüre und freue mich auf Euer Feedback.

Inhaltsverzeichnis

1

Frauen in Führungspositionen – immer noch nicht selbstverständlich?!

Warum beschäftigen wir uns überhaupt mit dem Thema? Sollte es nicht selbstverständlich sein, dass sowohl Frauen als auch Männer diejenigen Jobs ausüben, die ihnen Spaß machen und in denen sie dann gut sind?

Selbst heute passiert es mir noch, dass ich mit großen Augen angeschaut werde, wenn ich Leuten, die mich vielleicht nur aus der Freizeit kennen, erzähle, dass ich Managerin bin und Personalverantwortung für mehr als hundert Mitarbeiter trage. Diese fragenden Augen, als ob sie sagen würden „Du als Frau hast so viel Verantwortung?“, haben mich vor einiger Zeit noch beinahe in Wut versetzt, mittlerweile gehe ich nicht weiter darauf ein – mein Job ist für mich zur Selbstverständlichkeit geworden.

Leider ist das nicht überall so, treffe ich doch häufig auf Menschen, die beruflich nicht das machen, was sie gerne tun würden. Die Gründe dafür sind vielfältig und leider teilweise nicht einfach abzustellen. Erst kürzlich hörte ich von einer Freundin, dass deren 18-jähriger Neffe ein freiwilliges soziales Jahr in einem integrativen Kindergarten absolviert hatte. Als dieser junge Mann gegen Ende des Jahres gefragt wurde, ob ihm dieser Job gefalle und er sich vorstellen könne, einen Beruf in diesem Gebiet zu erlernen und auszuüben, verneinte er mit der Begründung, dass er von dem Gehalt in dieser Berufssparte ja keine Familie ernähren könne. Die Aussage des jungen Erwachsenen zeigt, dass wir – im 21. Jahrhundert – noch vielen Klischees und gesellschaftlichen Zwängen unterlegen sind. Warum muss der Mann die Familie ernähren? Und warum kann man nicht unabhängig davon den Job tun, der einem Spaß macht?

Der ersten Frage widme ich mich auch in diesem Buch. Denn das Beispiel des jungen Mannes zeigt, dass die Verantwortung für die Ernährung einer Familie oft noch im männlichen Selbstverständnis gesehen wird. Ich möchte jedoch junge Frauen ermutigen, ihr Leben selbst in die Hand zu nehmen und danach zu streben, finanziell unabhängig und in der Lage sein zu können, sich selbst und eine Familie zu ernähren – genauso, wie ich es könnte.

Bevor ich von meinem Werdegang berichte und damit Mitmenschen die Gelegenheit gebe, sich etwas „abzuschauen“, werfen wir einen Blick auf die Entwicklung der Frauenrolle in der Arbeitswelt in Deutschland.

TOP 2
Dr. Marco Buschmann, FDP

Die Entwicklung der Rolle der Frau in der Berufswelt

Dass Frauen in Deutschland nicht von Anfang an mit denselben Rechten ausgestattet wurden wie Männer, war mir klar. Dass es jedoch bereits so viele Bemühungen und Anstrengungen gab, um die Rolle der Frau im Berufsleben zu stärken, und es trotzdem immer noch einer Frauenquote bedarf, hat mich ehrlicherweise erschrocken, als ich dies kürzlich recherchierte.[1]

Vor mehr als hundert Jahren, nämlich im Jahre 1919 zu den Wahlen der verfassungsgebenden Deutschen Nationalversammlung, durften Frauen in Deutschland das erste Mal wählen. Das entsprechende Reichswahlgesetz trat im November 1918 in Kraft und beschied den Frauen das aktive und passive Wahlrecht; das heißt, Frauen durften nicht nur wählen, sondern sich auch zur Wahl aufstellen lassen. Auf Anhieb gab es damals eine Frauenquote von 9 % in der Deutschen Nationalversammlung. Wenn man bedenkt, dass sich im Deutschen Bundestag im Jahr 2021,[2] also mehr als einhundert Jahre später, nur ein knappes Drittel Frauen befindet, diese Zahl sogar rückläufig ist (2013 waren es noch rund 37 %), finde ich nicht das damalige Ergebnis, sondern eher die heutige Situation schlecht. Bedauerlicherweise verloren die Frauen ihr passives Wahlrecht wieder in der Zeit des Dritten Reiches.

Recht zur eigenständigen Arbeitsaufnahme

Im Jahr 1958 wurde in der Bundesrepublik Deutschland ein Gesetz verabschiedet, das die wirtschaftliche Gleichberechtigung von Mann und Frau regelte. Bis dahin war es üblich, dass sich der Mann um alle Eheangelegenheiten kümmerte, so auch das von der Frau eingebrachte Vermögen verwaltete oder über ihr Dienstverhältnis entscheiden konnte. Frauen durften erst ab 1958 ohne die Erlaubnis ihres Ehemanns arbeiten gehen, ab 1962 ihr eigenes Konto eröffnen und damit selbst über ihr Geld entscheiden. Allerdings galt die Freiheit zur Arbeitsaufnahme nur dann, wenn Ehe und Kinder nicht darunter litten. Praktisch bedeutete dies, dass Ehefrauen nur nachrangig berufstätig sein konnten, dann nämlich, wenn die familiären Pflichten erfüllt waren.

Die ehemalige DDR war schneller als die Bundesrepublik bei der Gesetzgebung zur Gleichberechtigung von Frau und Mann im Berufsleben. Dort gab es bereits 1950 ein Gesetz, welches die Rechte der Frau sowie den Mutter- und Kinderschutz regelte. Damit wurden die Berufstätigkeit der Frau gefördert und der staatliche Ausbau der Kinderbetreuung erweitert. Gute zwanzig Jahre später traten weitere Vergünstigungen für Mütter in Kraft, unter anderem das bezahlte Babyjahr. Ich habe während meiner rund zehn Berufsjahre im ehemaligen Osten des Landes die Erfahrung gemacht, dass in diesem Teil Deutschlands, auch dreißig Jahre nach der Wiedervereinigung, diese Kultur noch immer vorhanden ist. Für viele Kolleginnen – ob in Führungspositionen oder nicht – war es nicht nur wichtig, sondern selbstverständlich, nach dem Babyjahr wieder in den Job zurückzukommen.

Die Tatsache, dass Frauen nach Inkrafttreten des Gesetzes von 1958 in der Bundesrepublik noch bis 1977 (dies ist mein Geburtsjahr!) nur dann berufstätig sein durften, wenn es mit den Pflichten in der Familie und Ehe vereinbar war, hat mich besonders erstaunt. Die häuslichen Pflichten, wie man heute landläufig sagt, waren bis 1977 ganz offiziell und ganz selbstverständlich der Frau zugeordnet. Ab 1977 gab es dann dank des Gesetzes zur Reform des Ehe- und Familienrechts keine vorgeschriebene Aufgabenteilung in der Ehe mehr. Die Frau durfte selbst entscheiden, einem Job nachzugehen.

Bis 1958 waren Ehefrauen in Deutschland nach Gesetzeslage vollständig wirtschaftlich abhängig von ihren Ehemännern. Erst 1977 wurde die gesetzlich vorgeschriebene Rollenverteilung abgeschafft und durfte die Ehefrau ohne Erlaubnis des Ehemanns eine Arbeit aufnehmen. Als selbstständige und berufstätige Frau ist es mir heute nicht vorstellbar, dass meine Pflichten im Haushalt und in der Ehe meinem Beruf vorangestellt sein sollten. Für meinen Partner und mich ist es selbstverständlich, dass wir uns die Arbeit im Haushalt teilen. Während ich diese Zeilen schreibe, faltet er übrigens gerade die getrocknete Wäsche zusammen.

Recht auf vergleichbare Entlohnung

Im Jahr 1980 wurde in Deutschland das Gesetz zur Gleichbehandlung von Männern und Frauen am Arbeitsplatz erlassen. Es besagte unter anderem, dass Frauen und Männer in vergleichbaren Jobs gleich verdienen sollten. Was laut Gesetz eigentlich gelten müsste, ist lange noch nicht verwirklicht – bis heute nicht. Frauen verdienten im Jahr 2020 rund 18 % weniger als Männer.[3] Jetzt kann man vortrefflich darüber diskutieren, ob es daran liegt, dass ein größerer Anteil von Frauen als Männer in Teilzeit arbeitet und so natürlich nur ein anteiliges Gehalt bezieht. Oder ob der Grund in dem Umstand zu finden ist, dass mehr Frauen als Männer in durchschnittlich niedriger bezahlten, eher dem sozialen Bereich zugeordneten Jobs tätig sind. Beide Punkte spielen sicherlich eine Rolle. Dennoch ist es leider so, dass in vergleichbaren Jobs in derselben Branche Frauen vielfach deutlich weniger verdienen. 2018 sollte das Entgelttransparenzgesetz für Transparenz sorgen, wie der Name schon sagt. So richtig Wirkung hat es aus meiner Erfahrung jedoch bislang noch nicht gezeigt.

Warum ungleiche Entlohnung

Warum verdienen Frauen weniger, selbst wenn sie einen ähnlichen oder den gleichen Job machen wie ihre männlichen Kollegen? Als Grund wird diskutiert, dass Frauen nicht so „hart“ verhandeln und sich oft mit weniger zufrieden geben. Das glaube ich sofort, denn dies hängt meiner Meinung nach damit zusammen, dass Frauen häufig unter einem niedrig ausgeprägten Selbstwertgefühl leiden. Sie fragen sich (und auch mir ging es jahrelang so), ob sie wirklich gut genug für den Job und es wert sind, ein üppiges Gehalt zu beziehen. Ich würde sogar behaupten, dass viele Frauen bei Gehaltsverhandlungen mit einer für sie realistischen Vorstellung aufwarten und dann noch runtergehandelt werden, während viele Männer mit eher überzogenen Vorstellungen in die Gespräche gehen und sich nach der Verhandlung mit dem Gehalt wiederfinden, das sie sich vorgestellt haben.

Dies ist reine Spekulation, belegen kann ich das nicht. Allerdings weiß ich, dass ich selbst eine Zeitlang so gedacht und gehandelt habe, bis mir im Studium zum Master of Business Administration (MBA) ein Professor das Fach „Verhandlungsführung“ näherbrachte. Dieser Professor hat zu uns etwas gesagt, was ich nicht vergessen und seitdem oft beherzigt habe – nämlich, dass eine Verhandlung erst dann beginnt, wenn jemand „nein“ sagt. Bis dahin ist es keine Verhandlung, sondern nur eine Frage, auf die eine Antwort folgt. Bis es zur Verhandlung kommt, sind einfach nur Fragen zu stellen und die Antworten abzuwarten. Wenn man dies berücksichtigt, ist es gar nicht mehr so aufregend oder gar abschreckend, nach einer Gehaltserhöhung zu fragen. Vielleicht muss man gar nicht verhandeln, sondern einfach nur fragen?!

Verhandlungstraining: NEINs sammeln

Um Fragen in der (Vor-)Verhandlung zu üben, gab uns der Professor die Aufgabe, bis zur nächsten Vorlesung einfach einmal NEINs zu sammeln. Wir sollten unsere Freunde und Mitmenschen um Gefallen bitten oder andere Dinge fragen, und schauen, dass wir ein NEIN bekämen. Ich marschierte los und fing gleich an, die irrwitzigsten Fragen zu stellen. Zum Beispiel fragte ich den nächstbesten Kommilitonen auf dem Campus, ob er nicht meine Tasche zum Auto tragen könne. Ich erwartete ein klares NEIN, zumindest ein WARUM. Was ich bekam, war ein JA! Und so ging das weiter – ich bekam einfach keine NEINs zusammen. Da merkte ich, wie einfach es ist, zu fragen und auf die Antwort zu warten, und dass die Antwort oft anders, nämlich positiver ausfällt, als man eigentlich annehmen würde. Eine weitere Erkenntnis war, dass es für den anderen gar nicht leicht ist, ein NEIN auszusprechen, denn unser Umgang miteinander ist so kultiviert, dass bei einem NEIN, einer Ablehnung also, eine Rechtfertigung oder Erklärung erwartet wird. Vielen ist das unangenehm.

Dies habe ich mir fortan zu Herzen genommen und vor allen Dingen in Gehaltsverhandlungen angewendet, die ja eigentlich keine Verhandlungen waren.

Wenn ich fragte, ob ich mehr Gehalt bekommen könnte, begründete ich dies natürlich entsprechend und wartete die Antwort ab. Oft war die Antwort JA, allerdings nicht immer.

Wenn die Antwort NEIN hieß, habe ich natürlich versucht, mit allen Argumenten zu verhandeln. Das war mal erfolgreich und mal nicht. Selbst wenn ich nicht erfolgreich war, konnte ich für mich selbst beruhigt sein, wenigstens gefragt und eine nachvollziehbare Begründung im Rahmen des eigentlichen Verhandlungsgesprächs erhalten zu haben.

Zweites Gleichberechtigungsgesetz

Kommen wir aber zurück zu den Gesetzen, die in Deutschland erlassen wurden, um die Gleichstellung von Mann und Frau zu regeln. 1994 trat das zweite Gleichberechtigungsgesetz[4] in Kraft, welches u. a. von Unternehmen forderte, in ihren Stellenausschreibungen beide Geschlechter gleichermaßen anzusprechen. Ihr erinnert Euch bestimmt daran, dass ab jenem Zeitpunkt beispielsweise ein Marketingmitarbeiter (m/w) gesucht wurde. Heutzutage gibt es ein weiteres Geschlecht, welches berücksichtigt werden muss, daher heißt es aktuell (m/w/d), wobei „d“ für divers steht. Das zweite Gleichbehandlungsgesetzt von 1994 sollte zudem die bessere Vereinbarkeit von Beruf und Familie unterstützen.

Führungspositionengesetz I und II

Im Jahre 2015 wurde das Erste Führungspositionengesetz (FüPoG I) erlassen[5]. Dieses Gesetz zur gleichberechtigten Teilhabe von Frauen und Männern in Führungspositionen in der Privatwirtschaft und im öffentlichen Dienst hatte zum Ziel – wie der Name schon sagt – den Anteil an Frauen in Führungspositionen zu erhöhen. Das Gesetz galt für rund 3.500 Unternehmen in Deutschland. Daraus erwuchs die seit 2016 geltende Geschlechterquote von 30 % in den Aufsichtsräten von Unternehmen, die entweder börsennotiert oder paritätisch mitbestimmt sind. In den TOP-100-Unternehmen ist die Quote seit 2021 erreicht. Möglicherweise war zur Erreichung dieser Quote die Regelung hilfreich, dass die Sitze, die nicht entsprechend der 30 %-Geschlechterquote besetzt werden, nicht anderweitig besetzt werden dürfen, sie müssen leer bleiben.

Das Zweite Führungspositionengesetz (FüPoG II) trat im August 2021 in Kraft und hat erneut zum Ziel, den Anteil an Frauen in Führungspositionen anzuheben. Unter anderem wird hier geregelt, dass sich in börsennotierten oder paritätisch mitbestimmten Unternehmen mindestens eine Frau unter den Vorstandsmitgliedern bei Vorstandsgremien von mehr als drei Mitgliedern zu befinden hat. Unternehmen müssen zudem begründen, weshalb sie sich gegebenenfalls nicht zum Ziel setzen, mindestens eine Frau in den Vorstand zu berufen. Zuwiderhandlungen sollen laut diesem Gesetz effektiver sanktioniert werden.

Frauenanteil in Führungspositionen heute

Mich irritiert es, dass es trotz vieler Bemühungen der Politik, der Unternehmen und nicht zuletzt der Frauen selbst nach wie vor keine annähernd paritätische Besetzung von Frauen und Männern in Führungspositionen gibt. Laut Statistischem Bundesamt „Destatis" lag der Anteil von Frauen in Führungspositionen in Deutschland im Jahre 2021 bei 28,3 %, zwei Jahre zuvor waren es noch 30 %. Deutschland befindet sich im europäischen Ländervergleich damit im unteren Drittel. Lettland steht hier an erster Stelle mit einem Frauenanteil von 45,9 % in Führungspositionen, gefolgt von Polen (43 %) und Schweden (43%). Es kann nicht daran liegen, dass Frauen und Männer in Deutschland unterschiedliche Bildungsvoraussetzungen haben. Das Statistische Bundesamt veröffentlicht für 2021 eine weibliche Hochschulabsolventenquote von 52,9 % – mit leichtem Anstieg in den letzten Jahren. Selbst der Anteil an Frauen mit Promotion lag im Jahr 2021 bei 45,9 %.

Wie bereits angedeutet, sind sicherlich viele verschiedene Faktoren dafür verantwortlich, dass Frauen es nicht in gleicher Anzahl wie Männer in die Führungsetagen schaffen oder vielleicht schaffen wollen.

Ein Faktor ist, wie beschrieben, die Scheu vor Verhandlungen. Daher die Frage an Dich:

Frauenanteil in Führungspositionen in EU-Mitgliedstaaten 2021

Lettland	45,9 %
Polen	43,0 %
Schweden	43,0 %
Bulgarien	38,3 %
Irland	38,0 %
Portugal	37,9 %
Frankreich	37,8 %
Litauen	37,0 %
Ungarn	36,6 %
Finnland	36,5 %
Belgien	35,4 %
Österreich	35,4 %
Spanien	33,3 %
Deutschland	29,2 %
Italien	28,6 %
Tschechien	28,4 %
Dänemark	28,3 %
Niederlande	26,0 %
Luxemburg	22,0 %

Quelle: Statistisches Bundesamt (Destatis), 2023

- Was bist Du für ein Verhandlungstyp?
- Verhandelst Du gerne oder sind Dir Situationen, in denen Du nach Benefits oder Vergütungen für Dich fragen könntest, unangenehm?
- Hoffst Du, dass man sie Dir einfach geben würde?

Lass Dir gesagt sein: Das passiert in den seltensten Fällen, da meist niemand etwas zu verschenken hat.

> *Vielleicht hilft es Dir – solltest Du zur Verhandlungsvermeidung neigen –, Dich zu erinnern, dass eine Verhandlung immer erst dann anfängt, wenn einer NEIN sagt. Vorher ist es nur eine schlichte Frage, auf die Du eine Antwort erhältst. Probiere Dich aus: Geh raus und sammle NEINs!*

Frauenteilhabe an Führungspositionen

Frauenquote

Um dem Geschlechter-Ungleichgewicht in den höheren Führungsetagen beizukommen, hat man die Frauenquote eingerichtet. Wenn ich früher gefragt wurde, was ich von der Frauenquote halte, war meine spontane Reaktion „gar nichts". Mit ein wenig mehr Nachdenken und Beobachten, was zum Thema Quoten passiert, sehe ich das etwas differenzierter, aber bleiben wir erst einmal bei meiner Spontanreaktion.

Als Frau in einer Führungsposition im mittleren Management könnte ich der Prototyp einer Quotenfrau sein. Alle könnten denken, dass ich nur in der Position bin, weil ich weiblichen Geschlechts bin, und nicht, weil ich etwas kann. Mit einem sehr geringen Selbstvertrauen würde ich mich wahrscheinlich auch so fühlen. Allerdings ist das aus zwei Gründen nicht so: Erstens habe ich (mittlerweile) genügend Selbstvertrauen und bin davon überzeugt, meine Führungsposition erhalten zu haben, weil ich aufgrund meiner Fähigkeiten die Richtige dafür bin. Zweitens bin ich bereits seit über 10 Jahren Führungskraft. Damals gab es die Frauenquote zwar schon, aber die Unternehmen waren noch nicht so sehr unter Druck, diese zu erfüllen.

Keine Frau sollte sich fragen müssen, ob sie wegen der Quote oder wegen ihrer Qualifikation den Job bekommen hat. Das gilt ebenso für Männer.

Als Frau möchte ich mich daran messen lassen, was ich kann, nicht daran, welchen Geschlechts ich bin oder wie ich aussehe – und das nicht nur, wenn es um Führungspositionen geht. Ich finde es auch gegenüber Männern unfair, wenn Frauen bevorzugt werden, obwohl der Mann vielleicht besser qualifiziert oder geeignet ist.

Wenn Frauen in Führungspositionen gesetzt werden, ohne die notwendigen Rahmenbedingungen vorzufinden, dann ist das zum Scheitern verurteilt und richtet langfristig mehr Schaden als Nutzen an. Dies gilt gleichermaßen für Männer. Denn nicht nur werden diese Frauen „verheizt" und erleben eine echte Schmach, wenn sie scheitern, sondern es werden darüber hinaus die Männer verärgert, die vielleicht für die Position besser qualifiziert gewesen wären. Zusätzlich laufen Unternehmen, die so vorgehen, Gefahr, dass potenziellen Führungskräfte sich gar nicht erst für eine Führungskarriere entscheiden. Die Attraktivität des Jobs „Führungskraft" kann also erheblich leiden. Das gilt es zu vermeiden, denn Führung soll Freude bereiten, erfüllend und vor allem händelbar sein. In manchen Unternehmen zeichnet sich heute eine Knappheit an Nachwuchsführungskräften ab, bei Frauen und bei Männern, da es für viele nicht mehr erstrebenswert ist, Führungskraft zu sein. Dies geht möglicherweise auf ein Merkmal der jüngeren Generation zurück, die andere Ziele in ihrem Berufsleben verfolgen.

Was die Besetzung von Führungspositionen mit Frauen und Männern angeht, so ist inzwischen durch mehrere Studien belegt, dass divers, also gemischt besetzte Teams um ein Vielfaches erfolgreicher sind. Erst letztens hat das Handelsblatt eine Studie der Boston Consulting Group zitiert, in der es heißt, dass divers aufgestellte Unternehmen im Durchschnitt 9 % höhere Gewinnmargen aufweisen und innovativer sind.[6] Unter diesem Gesichtspunkt liegt eine Quotenregelung schon nahe und das ist der Grund, weshalb ich denke, dass wir die Frauenquote brauchen, selbst wenn es aus meiner Sicht etwas hilflos anmutet. Immerhin sind gut 45 % der Beschäftigten Frauen und bei den Uni-Absolventen sind sogar mehr als 50 % weiblich. Das Potenzial ist da.

Negative Rahmenbedingungen für einen adäquaten Frauenanteil

Thomas-Kreislauf

Warum sind nur etwa 20 % der Führungspositionen mit Frauen besetzt und nur 10 % der DAX-Vorstände weiblich? Mit dieser Frage beschäftigen sich nach wie vor viele Politiker und Wissenschaftler unseres Landes. So auch die damalige Bundesgleichstellungsministerin Franziska Giffey, die im Frühjahr 2021 in einem Interview mit dem Handelsblatt den von der AllBright Stiftung entworfenen „Thomas-Kreislauf" beschreibt: Thomas fördert Thomas – oder: Ähnlichkeiten ziehen sich an und setzen sich fort. Das bedeutet, dass Manager, die neue Manager rekrutieren, sich in den meisten Fällen für Menschen entscheiden, die ihnen ähnlich sind.

Da aktuell die Mehrheit der Führungskräfte in Deutschland Männer Mitte 50 sind, rekrutieren diese laut oben beschriebener Theorie in der Regel dann Männer mittleren Alters. So ist es schwierig, den Kreislauf zu unterbrechen. Dazu kommt und ist in vielen Fällen zu beobachten: Wenn „Thomas" jetzt aufgrund der Quotenregelung gezwungen ist, seine Managementpositionen mit Frauen zu besetzen, wird er zwar „Stephanie" fördern, aber „Stephanie" wird in großen Teilen die Eigenschaften und Verhaltensweisen haben, die „Thomas" hat, und damit weniger ein „weibliches Führungskraft-Rollenmodell" darstellen. So werden Eigenschaften und Stärken – wie emotionale Intelligenz, gutes Zuhör-Vermögen und die Fähigkeit, andere einzubinden – wieder nicht gewinnbringend in Managementpositionen eingesetzt. Diese Eigenschaften werden nämlich Frauen typischerweise zugesprochen und darin unterscheiden sie sich in vielen Fällen von Männern.

Vereinbarkeit von Familie und Beruf

Neben dem Thomas-Kreislauf – ein Phänomen, welches ich für real halte und in meiner Führungslaufbahn beobachten konnte – gibt es weitere Dinge, die Frauen davon abhalten, Führungspositionen einzunehmen. Ein nicht zu unterschätzendes Thema ist dabei die Vereinbarkeit von Familie und Beruf. Nach wie vor ist es so, dass die Frauen in den Familien den größten Anteil an der Kindererziehung oder an der Pflege von Angehörigen haben. Es muss sich aus meiner Sicht deutlich mehr an den Rahmenbedingungen ändern, sodass es „salonfähiger“ für Männer wird, sich an den häuslichen Aktivitäten (gerne) zu beteiligen. Es hat sich zwar schon einiges getan, aber noch längst nicht genug. Zu Beginn der 2010er-Jahre habe ich häufig erlebt, dass hinter vorgehaltener Hand die Nase gerümpft wurde, wenn ein männlicher Kollege, ob Mitarbeiter oder Führungskraft, ein paar Wochen oder Monate Elternzeit beantragte. Dies hat sich mittlerweile geändert. Aktuell ist es normal, dass die frischgebackenen Väter einen Teil der Elternzeit für sich beanspruchen, egal in welcher Position sie sind – Führungskraft oder nicht. Und: Es geht! Es werden auf einmal Lösungen gefunden, die Kollegen in Elternzeit zu vertreten und hinterher wieder in ihre Jobs einzuarbeiten. Es musste nur einmal ein Anfang gemacht werden und es geht in die richtige Richtung. Ich denke jedoch, dass noch nicht das Ende der Fahnenstange erreicht ist. Man muss nur nach Skandinavien schauen – diese Länder sind deutlich weiter mit ihren Innovationen rund um Vereinbarkeit von Familie und Beruf.

Kinderbetreuung

Ein weiteres Thema, was zum Problem werden kann, ist die Kinderbetreuung, insbesondre nach der Elternzeit bis hin ins Schulalter der Kinder. Während der Corona-Pandemie haben wir gesehen, wie aufgeschmissen Familien sind, wenn die etablierten Supportsysteme der Kinderbetreuung wegfallen. Schulen und Kitas geschlossen – sicher, das war ein Ausnahmezustand, den so keiner vorhersehen konnte. Aber dass auf einmal Großeltern und sonstige Verwandte, die ganz selbstverständlich die Kids nachmittags oder abends betreut hatten, aufgrund der Infektionsgefahr nicht mehr aufgesucht werden durften, hat gezeigt, wie wichtig es ist, ein funktionierendes Supportsystem für die Kinderbetreuung zu haben.

Was durch die Corona-Pandemie offensichtlich wurde, hat auch Geltung für Nach-Corona-Zeiten. Flexible Arbeitszeiten, Arbeiten von zuhause, Jobsharing und Teilzeit bei Bedarf sind Dinge, die es Frauen wie Männern erleichtern, Beruf und Familie unter einen Hut zu bekommen. Im Folgenden gehe ich auf die einzelnen Punkte genauer ein.

Positive Rahmenbedingungen für einen adäquaten Frauenanteil

Angemessene Arbeitszeiten

Flexible Arbeitszeiten haben sich in vielen Unternehmen mittlerweile etabliert, wobei mit „flexibel“ bei Führungskräften nicht immer das Thema „Kernarbeitszeit mit flexiblem Beginn und Ende“ gemeint ist, sondern eher die Flexibilität, regelmäßig deutlich mehr als die acht bis zehn Stunden zu arbeiten, die vom Gesetzgeber empfohlen sind. Da haben wir gleich das nächste Thema: Länge der Arbeitszeit. Auch ich habe in meiner Führungskräftelaufbahn – und teilweise immer noch – den moralischen Druck gespürt, als Führungskraft verpflichtet zu sein, Engagement zu zeigen und viel und hart zu arbeiten. Engagement zu zeigen ist grundsätzlich richtig. Nur wenn dieses Engagement allein daran gemessen wird, wie viele Stunden man mit der Arbeit oder im Büro verbringt, dann ist das aus meiner Sicht nicht zielführend, denn diese Rechnung geht nicht auf: Muss ich, je höher ich auf der Karriereleiter komme, desto mehr Stunden pro Tag mit Arbeit verbringen? Rechtfertige ich so das höhere Gehalt, das ich als Manager beziehe? Und was machen dann die Vorstände? Für die Damen und Herren Vorstände hat der Tag ebenfalls nur vierundzwanzig Stunden und ein Minimum an Schlaf brauchen auch diese Personen. Nein, die höheren Gehälter erhält man, weil man mehr Verantwortung übernimmt in seiner Führungsposition, nicht weil man mehr Stunden am Tag mit Arbeiten verbringt.

Ich weiß von vielen Freundinnen und Kolleginnen mit Kindern, dass sie wegen der Arbeitszeiten moralischen Druck verspüren. Wenn sie aus familiären Gründen nicht reihenweise Überstunden machen können und ihnen vorgelebt wird, dass es zum „guten Ton" gehört, sich zu nachtschlafenden Zeiten E-Mails zu schreiben, dann kann und wird es passieren, dass sie sich außen vorgelassen sehen. Aus meiner Sicht ist das ein nicht akzeptabler Zustand und ich bin davon überzeugt, dass er einer der Gründe dafür ist, dass sich viele Frauen gegen eine Führungsposition entscheiden.

Wenn Frauen wie ich oder Männer – die mangels zu betreuender Kinder eigentlich keinen Grund hätten, NICHT 16 Stunden am Tag zu arbeiten, sondern es einfach nicht WOLLEN – sich zu Wort melden, dann löst man damit noch immer Unverständnis und fragende Blicke aus. Um es deutlich zu machen: Als Mittvierzigjährige und Führungskraft im mittleren Management sehe ich es nicht ein, zwei Drittel meines Tages mit Arbeit zu verbringen. Ein Drittel – also acht Stunden – sollte der anzustrebende Richtwert sein, und dann sollte man sich nicht mit sozial verträglichen Pflichten, wie Kinder- oder Pflegebetreuung, rechtfertigen müssen, um ruhigen Gewissens Feierabend zu machen. Damit möchte ich auf keinen Fall sagen, dass alle Führungskräfte nur acht Stunden arbeiten sollen oder dürfen, nein, das schaffe ich auch nicht durchgehend. Oft sind es mehr Stunden, weil das Arbeitspensum einfach enorm ist, aber es sollte nicht zur Regel werden und man sollte sich nicht moralisch dazu verpflichtet fühlen, nur weil man Führungskraft und Vorbild ist. Es muss als Führungskraft in Ordnung sein zu sagen: „Ich mache jetzt Feierabend (selbst, wenn es noch nicht spät ist) und gehe meinem Hobby nach." Aus eigener Erfahrung weiß ich, dass private Termine unterhalb der Woche, die nicht in den frühen Morgen- oder späten Abendstunden stattfinden, oft nur dann mit Verständnis in der Firma zur Kenntnis genommen werden, wenn es sich um Arztbesuche, Behördengänge oder familiäre Notfälle handelt. Einen Termin mit meinem Tierarzt, in dem es um mein krankes Pferd ging, musste ich vor einiger Zeit schon sehr heftig rechtfertigen und das in einem Vertriebsumfeld, in dem ich gar nicht an feste Arbeitszeiten gebunden war. Zum Glück ändert sich dieses Mindset langsam und ich kann das auch in dem Unternehmen beobachten, in dem ich tätig bin.

Homeoffice

Das Arbeiten von zuhause, das Homeoffice, wurde in vielen Unternehmen erst mit der Corona-Pandemie richtig etabliert – nicht zuletzt, weil die Regierung deutliche Empfehlungen und Weisungen für die Unternehmen zum Schutz der Belegschaft ausgegeben hatte. Wenn es etwas Positives an der Pandemie gibt, dann die Tatsache, dass die neuen Umstände es erforderten, kurzfristig und radikal umzudenken und Tabus zu brechen. Viele Unternehmen, die vermeintlich nicht darauf ausgerichtet waren, konnten auf einmal rund 90 % ihrer Belegschaft zuhause arbeitsfähig machen. Die Mitarbeiter profitierten von der Zeitersparnis beim dadurch entfallenen Arbeitsweg. Es wurde nach kurzer Zeit zur Normalität, dass Kinder, Eheleute und/oder Haustiere während diverser Videokonferenzen im Hintergrund zu sehen waren. Man hat auch etliche Bücherregale, Bilder oder andere persönliche Gegenstände seiner Kollegen zu Gesicht bekommen. Und hat all dies nicht trotz der Distanz Nähe geschaffen? Ich beobachte, dass die Unternehmen daran interessiert sind, diese positiven Dinge beizubehalten und nicht komplett zu alten Zeiten zurückzukehren. Das mittlerweile salonfähige Arbeiten von zuhause ist ein Eintrag auf der Positivliste für Frauen mit Interesse an einer Führungsposition, weil es einen Teil der notwendigen Rahmenbedingungen für die Vereinbarkeit von Familie und Beruf begünstigt.

Jobsharing und Teilzeitarbeit

Das dritte Thema ist Jobsharing oder die Möglichkeit zur Teilzeitarbeit. Beim Jobsharing-Modell teilen sich zwei Mitarbeiter oder Führungskräfte einen Job. Jobsharing ist in der Theorie ganz einfach: ein Job, der von zwei Personen jeweils mit reduzierter Arbeitszeit ausgeübt wird, jedoch ein gemeinsames Arbeitsumfeld und gemeinsame Verantwortungsübernahme beinhaltet. In der Praxis ein eher schwieriges Unterfangen. In einem Unternehmen habe ich mehrere Konstellationen, in denen sich Führungskräfte auf Managerebene den Job geteilt haben, beobachtet und gesehen, dass diese nicht nachhaltig erfolgreich waren. Die Gründe kenne ich nicht im Einzelnen, jedoch kann ich erahnen, dass es an adäquater Unterstützung durch (externe) Coaches gefehlt hat, die den Prozess und die zu erwartenden Unstimmigkeiten und Befindlichkeiten zwischen den handelnden Personen hätten absehen und begleiten können. In solch einem anspruchsvollen Arbeitsmodell darf man aus meiner Sicht die Protagonisten nicht auf sich allein gestellt sein lassen – Manager hin oder her, das muss professionell begleitet werden. Unternehmen gewinnen in der Theorie sehr viel durch das Angebot von Jobsharing: Man hat doppeltes Know-how und deutlich erhöhte Expertise und Vielfalt im Tandem. Zudem tritt man als attraktiver Arbeitgeber für Menschen auf (nicht nur Frauen!), die mit reduzierter Arbeitszeit einem anspruchsvollen (Führungs-)Job nachgehen wollen. Eine großartige Möglichkeit bietet das Jobsharing in den Konstellationen, in denen ruhestandsnahe

Kollegen ihre Verantwortung langsam an nachfolgende Kollegen abgeben möchten, die Expertise aber noch erhalten und im Rahmen einer geordneten Übergabe weitervermittelt werden soll.

Die Möglichkeit, seinen Führungsjob in Teilzeit auszuüben, bedeutet eine Begünstigung der Rahmenbedingungen, die es braucht, um eine bessere Vereinbarung von Familie und Beruf zu erzielen. Grundsätzlich ist das eine sehr gute Lösung und sollte unbedingt unterstützt und gefördert werden. Gibt sie doch Müttern nach der Elternzeit die Gelegenheit, wieder in ihren Job einzusteigen, jedoch noch nicht zu 100 %, sodass noch genügend Zeit für die Familie bleibt. Teilzeit, damit das nicht falsch verstanden wird, muss nicht nur attraktiv für Mütter sein. Ich kenne einige Frauen ohne Kinder, die ihre Jobs in Teilzeit ausüben, einfach, damit sie mehr Zeit für sich und ihre weiteren Interessen haben. Auch ich habe schon öfters darüber nachgedacht, wie es wäre, nur vier Tage die Woche zu arbeiten und regelmäßig drei Tage frei zu haben und finde diesen Gedanken sehr charmant. Man muss dann natürlich bereit und in der Lage sein, mit 80 % des Gehalts auszukommen.

Um Karriere und Familie gut vereinbaren zu können, müssen sich Rahmenbedingungen ändern.

Was viele Unternehmen, gerade solche mit großen operativen Führungseinheiten und strikt kalkulierten Stellenplänen, davon abhält, Teilzeitjobs in Führungspositionen aktiv anzubieten ist Folgendes: Die Teams innerhalb einer Einheit sind meist durch eine ähnliche Struktur definiert, beispielsweise durch die Anzahl der Mitarbeiter, Größe der Fläche, wenn wir vom Vertrieb sprechen, oder Höhe des Umsatzes. Wenn jetzt ein Team von einer Führungskraft in Teilzeit betreut wird, müsste diese Führungskraft entweder das komplette Team in einem geringeren Zeitanteil betreuen, was zu Ungerechtigkeiten auf beiden Seiten führen würde, oder das Team müsste in Mitarbeiteranzahl, Umsatzgröße oder Regionalität reduziert werden. Dies wiederum zieht die Frage nach sich, wer den anderen Teil dann betreut. Eine gute Lösung wäre eine 50 %-Regelung, die aber voraussetzt, dass es zeitgleich zwei Führungskräfte gibt, die nur zu 50 % arbeiten möchten. Mit dem viel gängigeren 80 %-Modell hätte man schon erhebliche Schwierigkeiten, die Teilzeitarbeit organisatorisch umzusetzen.

Einen Durchbruch in Sachen Attraktivität als Arbeitgeber werden mutmaßlich die Unternehmen erleben, die durchdachte Jobsharing- und Teilzeitmodelle für alle Mitarbeiter- und Führungsebenen anbieten und dies personalseitig begleiten, was beispielsweise beim Jobsharing mit der Auswahl und dem Matching der Tandems beginnt und mit der Begleitung der Akteure weitergeht.

Verbreitete weibliche Plus- und Minuspunkte

Mangelndes Selbstvertrauen

Ein weiterer Aspekt, weshalb viele Frauen nicht den Schritt in Richtung Führung wagen, ist aus meiner Sicht mangelndes Selbstvertrauen. Das fängt schon bei der Bewerbung auf einen Job an, jedenfalls ging es mir seinerzeit so. Ich war Anfang dreißig, hatte einige Jahre Berufserfahrung in der Hotellerie und zwei Studiengänge der Betriebswirtschaftslehre abgeschlossen: ein Diplom und einen Master of Business Administration. Ich sprach fließend Englisch und Italienisch; meinen MBA hatte ich auf Englisch absolviert. Kurzum, ich war sehr gut qualifiziert und verfügte über deutlich mehr Berufs- und Lebenserfahrung als die meisten anderen Studienabsolventen. Trotzdem habe ich mich von den Stellenanzeigen mit ihren Anforderungen einschüchtern lassen. Ich wollte nämlich nicht mehr in meine ursprüngliche Branche, die Hotellerie, zurück, sondern in Richtung Businessstrategie, Marketing, Management gehen. Dafür fehlte mir aber die sogenannte relevante Berufserfahrung. Also bewarb ich mich nur auf Jobs, bei denen ich laut Stellenanzeige das Anforderungsprofil zumindest zu 95 % erfüllte – ein typisches Phänomen bei Frauen, auf das ich noch eingehen werde.

Harmoniestreben

Was ich außerdem und zugleich an mir sehe, ist, dass Frauen im Allgemeinen eher nach Harmonie streben. Mir ist es lieber, in einer freundlichen, offenen und harmonischen

Atmosphäre zu arbeiten als in einer Ellenbogengesellschaft, in der jeder mit mehr oder weniger brachialer Gewalt seine Ideen und Konzepte durchboxt. Auch wenn ich dies vielleicht etwas überspitzt formuliert habe, so kann sich sicherlich jeder vorstellen, was ich meine. Ich habe beide Welten schon erlebt, mehr oder weniger extrem, und in ihnen erfolgreich mitgespielt, will heißen, dass ich auch in der Ellenbogengesellschaft meine Punkte gemacht habe. Wenn es drauf ankommt, bin ich „the tough cookie".

Es hat herauskristallisiert, dass mir die andere Seite, die eher auf kollegialer und harmonischer Zusammenarbeit basiert, besser gefällt und mehr liegt. Hier kann ich mein Potenzial deutlich besser entfalten und meine Stärken zur Geltung bringen – meine typisch weiblichen Stärken, die bei mir sehr ausgeprägt sind in Richtung Empathie, Kommunikationsfreude und Authentizität.

Ehrgeiz

Natürlich mag ich es auch, mich zu messen, daher war ich sehr gerne und lange im Vertrieb tätig. Mein Ehrgeiz, den ich seit meiner Jugend habe und der mir zunächst in einer sportlichen Karriere als Volleyball-Bundesligaspielerin zugutekam, macht sich noch heute hin und wieder breit. Mittlerweile bin ich, mit Mitte vierzig, deutlich ruhiger geworden und kann ohne Weiteres ertragen, wenn andere schneller, höher, weiter oder einfach besser sind als ich. Ich weiß, was ich kann, und auch, was ich nicht kann, und das ist schon einmal die halbe Miete.

Das war nicht immer so. Als junge Frau, die eine schillernde Karriere im Corporate Business anstrebte, war mir jeder ein Dorn im Auge, der seinen Karriereweg schneller oder mit einer Abkürzung bestritten hatte. Warum konnte er oder sie das besser oder schneller und ich nicht? Ich war eine Zeitlang wie vom Ehrgeiz zerfressen. Natürlich versucht man in dieser Zeit, sich an Männern zu messen, denn man will selbst ganz vorne mitspielen, da kommt man an den Männern nicht vorbei. Dies kann und wird in vielen Fällen dazu führen, dass die Frauen sich immer mehr den Männern angleichen und dadurch ihre Authentizität als Frau verlieren.

Äußere Weiblichkeit

Es hilft Frauen nichts, so zu sein wie ein Mann, denn das sind Frauen einfach nicht. Ich habe schnell erkannt, dass, wenn ich mich vergleichbar mache, ich verglichen werde. Damit zieht man immer den „Kürzeren", ganz einfach, weil man sich verstellt und dadurch an Stärke verliert.

Schon früh in meiner Führungskarriere habe ich angefangen, mich optisch von den Männern zu unterscheiden, indem ich partout Kleider und Röcke oder zumindest einen knalligen Lippenstift trug. Das war reine Taktik. Ich habe sogar die Reaktion vieler Männer, selbst wenn sie oft nicht offensichtlich gezeigt wurde, provoziert: Sollten sie doch denken, dass ich ein „Püppchen" bin, mit Kleid und pinkem Lippenstift. Denn wer erst einmal sowas von mir denkt, der sieht in mir zumindest keinen Konkurrenten. Dies wiederum hat den Vorteil, dass keine künstlichen Barrieren in der

Zusammenarbeit geschaffen werden. Der Nachteil ist, dass man unter Umständen nicht für voll genommen wird; dies habe ich jedoch gerne in Kauf genommen, denn ich wusste ja, was ich konnte. Es würde eher früher als später schon die Gelegenheit kommen, in der ich zeigen konnte, was hinter dem Püppchen mit Kleid und Lippenstift steckt. Diese Momente sorgen dann für echte Überraschungen und „Ach so"-Effekte in der männlichen Runde. Ach so, die kann auch sprechen? Die hat sogar Argumente? Oh, da hören wir mal zu. Und zack, ist er da, der Moment, in dem ich mich als Frau positioniert und platziert habe, ohne die Ellenbogen auszufahren. Diese Weise finde ich persönlich viel eleganter und weniger kräftezehrend.

Fazit

Gründe, weshalb gerade Frauen davon abgehalten werden bzw. sich abhalten lassen, Führungspositionen zu bekleiden, gibt es viele und meine Darstellung ist sicherlich nicht abschließend. Mal sind es äußere Rahmenbedingungen, mal steht einem das eigene Selbstvertrauen im Weg.

Das Ziel oder der Zwang von Unternehmen, eine Quote erfüllen zu müssen, beinhaltet auch, Veränderungen herbeizuführen. Wenn die Frauenquote dazu beiträgt, dass sich Rahmenbedingungen ändern und beispielsweise Jobsharing und Teilzeitarbeit auch in Managementpositionen befördert werden, ist das ein positiver Effekt. Schlecht hingegen ist es, wenn Unternehmen sich keinerlei Mühe geben, Rahmenbedingungen zu ändern oder ihre (weiblichen) Nachwuchskräfte in Sachen Selbstvertrauen zu stärken, um eine Führungskarriere einzuschlagen. Mangelnde Förderung würde der Sichtweise Vorschub leisten, dass die Frau in der Führungsposition eben nichts weiter als bloße Quotenfrau ist.

Der steigende Anteil an Frauen in Führungspositionen ist zumindest in den Großunternehmen sowie in Konzernen zu beobachten. Für Familienunternehmen gilt dies noch nicht; hier liegt der Frauenanteil an den Geschäftsführerposten aktuell nur bei 8,3 %.[7]

Zeit zur Reflexion

- *Was hältst Du von der Frauenquote?*

Wenn Du noch unentschlossen bist, eine Führungsposition anzustreben:

- *Was müsste sich für Dich ändern?*

Wenn Du bereits eine Führungsposition bekleidest:

- *Wie fühlst Du Dich dabei?*
- *Hast Du das Gefühl, Du bist aufgrund Deiner Qualifikation oder aufgrund einer Quote in der Position?*
- *Wie wird das Thema Frauen in Führungspositionen in Deinem Unternehmen gehandhabt und kommuniziert?*

2

Warum Führung?

Führung ist mehr als nur Anerkennung, Ruhm und Ehre, sie bedeutet auch Tränen, Schweiß und harte Arbeit.

Warum sind Führungspositionen so erstrebenswert, sodass man viel Investment auf der einen Seite und Verzicht auf der anderen Seite auf sich nimmt? Ist es Macht oder Anerkennung oder das winkende üppige Gehalt? Diese Fragen habe ich mir nie gestellt – ich habe einfach den Weg verfolgt, der richtig für mich schien.

Heutzutage stelle ich diese Frage jedoch jedem meiner Schützlinge, der sich in Richtung Führungskraft entwickeln möchte. Auch mich selbst hinterfrage ich inzwischen dazu regelmäßig, um zu überprüfen, ob ich noch aus den „richtigen" Motiven handele.

Macht oder Leadership?

Chefsein ist cool. So denken viele und, wenn ich ehrlich bin, ist es das auch, aber nicht nur. Es gibt viele Dinge, die ich in meinem Chefinnendasein als cool und erstrebenswert angesehen habe. Zum Beispiel, dass man Aufmerksamkeit bekommt – ziemlich viel Aufmerksamkeit mitunter. Aber nicht nur positive Aufmerksamkeit – und da fängt das Problem schon an. Zu jeder positiven Seite des Führungskräftedaseins gibt es eine negative beziehungsweise nicht so glänzende Seite. Aber der Reihe nach ...

Aufmerksamkeit

Zurück zu den positiven Dingen, die man weitläufig mit dem Führungskräftedasein verbindet. Aufmerksamkeit – man steht im Mittelpunkt und dies kann, insbesondre wenn frau in einer männerdominierten Arbeitswelt unterwegs ist, ganz schön herausstechen. Da steht frau plötzlich und wird beachtet, und zwar in einem beruflichen Umfeld, was etwas anderes ist als die Bewunderung in der Privatsphäre. Allerdings muss frau als Führungskraft damit umgehen können, beachtet zu werden. Sie braucht dazu ein gewisses Selbstvertrauen. Denn aus Beachtung wird leicht Beobachtung und dann habe zumindest ich immer angefangen, darüber nachzudenken, was in aller Welt an mir beobachtet werden könnte: Sitzt meine Kleidung, mein Make-up, verhalte ich mich adäquat, was denken die anderen von mir? Hier können sich schnell Selbstzweifel breitmachen und dann muss damit adäquat umgegangen werden.

Anerkennung, Ruhm und Ehre

Als Nächstes kommen Anerkennung, Ruhm und Ehre. Ich kann nicht sagen, dass ich es nicht genossen habe, von meinen Vorgesetzten, meist Mitgliedern der Geschäftsleitung oder gar Vorständen, vor versammelter Mannschaft für gute Leistungen gelobt zu werden. In solchen Momenten bin ich gefühlt drei Meter gewachsen und mein Selbstvertrauen hat sich enorm gesteigert.

Es ist unheimlich genugtuend, sich feiern zu lassen und nach dem eigenen Erfolgsrezept gefragt zu werden. Dies ist eine offensichtliche Tatsache: Jeder erzählt gerne von sich und spricht über seine Erfahrungen, seinen Rat, seine Vita. Mir geht es jedenfalls so, und wenn ich mich an private und berufliche Small Talks erinnere, geht es den meisten Menschen genauso. Jemand erzählt in kleiner Runde, was er oder sie gerade erlebt hat, aber die wenigsten Zuhörer fragen nach und wollen es genauer wissen. Der größte Teil der Menschen antwortet auf die Erzählung mit einer eigenen Erzählung, die mehr oder weniger im selben inhaltlichen Zusammenhang steht, aber die gehörte Geschichte noch übertrifft.

Manchmal bin ich mir vorgekommen wie in einem Wettstreit für Geschichtenerzähler, bei dem jeder, während der andere noch erzählt, bereits überlegt, welche Geschichte er selbst zum Besten geben kann, die die anderen Geschichten vom WOW-Faktor her überbietet. Denn das ist es: Man möchte Anerkennung bekommen, am besten begleitet mit den Worten: „Wow, das ist Dir gelungen, das hast Du erlebt? Wie hast Du das denn gemacht? Das ist ja was ganz Besonderes!" Wer würde sich da nicht gut und wertgeschätzt fühlen? Ich fühle mich jedenfalls gut dabei, insbesondre wenn es um meine beruflichen Erfolge geht, denn die habe ich mir hart erarbeitet.

Macht

Während man Anerkennung als Führungskraft und leistungsstarker Mitarbeiter erhalten kann, ist Macht etwas, was hauptsächlich mit Führungspositionen in Zusammenhang gebracht wird.

Ich kann mich nicht davon freisprechen, es zu genießen, eine gewisse Macht zu haben. Insbesondre die Macht, Entscheidungen zu treffen, die man für richtig hält und durch die man sich eine positive Entwicklung seines Verantwortungsbereichs verspricht. Diese Art von Macht bezeichne ich jedoch lieber als Verantwortung oder Entscheidungsbefugnis, nicht als Macht. Macht hat für mich immer den Beigeschmack von Willkür und sich über andere zu erheben. Das ist etwas, was in der Führung und im Management nichts zu suchen hat. Mit Macht verbindet man weitläufig ein Verhalten, das Entscheidungen einfach verfügt, weil man es als Chef kann, aber meist ohne tiefere Motivation und ohne Verantwortungsbewusstsein für seine Handlungen.

Leadership

Der Unterschied zwischen Macht und Leadership ist genau dieser: Der Machtsüchtige möchte „bestimmen", seine Ideen und Meinungen durchsetzen, koste es, was es wolle, Hauptsache der eigene Name steht gut leserlich darüber. Der Leader hingegen ist sich der Tragweite seiner Handlungen und Entscheidungen bewusst und mutig genug, diese umzusetzen. In der Politik kann man zahlreiche Beispiele für diese beiden Typen und die ganze Bandbreite dazwischen finden.

Nehmen wir beispielsweise zwei der ehemaligen Präsidenten der Vereinigten Staaten von Amerika, Barack Obama und Donald Trump. Man muss nicht tief einsteigen, um zu erkennen, dass die Führungsstile dieser beiden Personen ziemlich unterschiedlich sind. Während Donald Trump gefühlt alles darangesetzt hat, seine Macht zu demonstrieren, hatte man bei Obama eher das Gefühl, dass er sich weniger für sich selbst und seine Außenwirkung interessiert als für das, was er für sein Land erreichen wollte. Donald Trump kam in einem Moment der gefühlten Unsicherheit und Krise an die Macht, setzte sich selbst als Retter der Nation in Szene und brach dazu gezielt mit den geltenden Gepflogenheiten der Demokratie in Amerika. Sein Führungsstil kann als populistisch bezeichnet werden, mit einer starken Führer-Gefolgschaft-Beziehung. Es stellte sich immer wieder die Frage, wie viel Strategie und Taktik sein Führungsstil enthielt oder ob Impulsivität und Unberechenbarkeit einen Großteil seines Handelns prägte. Ein Grund hierfür könnte sein maximales Streben nach Anerkennung gewesen sein, welches offenbar bereits sein Vater hatte.[8]

Verlässlichkeit und Integrität

Impulsives, unberechenbares Handeln sollte eine gute Führungspersönlichkeit auf jeden Fall nicht ausmachen. Verlässlichkeit und Integrität sind vielmehr Eigenschaften, die eine gute Führungspersönlichkeit auszeichnen und auf deren Basis Vertrauen aufgebaut werden kann.

Macht – das falsche Motiv

Das unbedingte Streben nach Macht und Anerkennung ist für mich das falsche Motiv, einen Führungsposten zu bekleiden. Vielmehr sollte der Dienstleistungsgedanke im Vordergrund stehen.

Viele Gespräche mit aufstrebenden Führungskräften haben mir gezeigt, dass dieses – ich nenne es mal „negative“ – Verständnis von Macht oft dominiert. Der Wunsch nach Anerkennung und Entscheidungsgewalt ist groß, aber über die Tragweite der Handlungen wird nicht nachgedacht. Hauptsache, der eigene Name steht in goldenen Lettern auf der Tür eines hoch repräsentativen Büros – natürlich mit Vorzimmer und entsprechender Dame. Na gut, so deutlich hat es niemand formuliert, aber zwischen den Zeilen habe ich es doch lesen können.

Macht hat viel mit Statussymbolen zu tun. Ich selbst gehöre der Generation X an, bin ein paar Jahre zu alt für die Generation Y, die mit den in meiner Zeit typischen Statussymbolen nicht mehr allzu viel anfangen kann. In meiner Generation, aber insbesondre in der Generation meiner Eltern, waren materielle Statussymbole, wie Dienstwagen, großes Eckbüro, möglichst weit oben im Gebäude mit gutem Ausblick und Hochflor-Teppich, noch wichtig. Natürlich hat man sich außerdem an der Anzahl der Mitarbeiter, die man „unter sich“ hat, sowie an der Existenz von Sekretariat, Assistenz usw. gemessen. Wer es ins Chefbüro geschafft hatte, der war etwas, egal wie gut oder schlecht oder wie zeitgemäß er oder sie führen konnte.

Noch heute erfahre ich von Angehörigen der „älteren“ Generation große Anerkennung, wenn ich über die Größe meiner Abteilung spreche oder die Tatsache, dass ich eine

Sekretärin habe. Nur solche Dinge scheinen wichtig zu sein, um beurteilen zu können, ob ich es in meiner Karriere weit gebracht habe. Weniger interessiert man sich inhaltlich für meinen Job oder für das, was es an Schattenseiten gibt. Mir ist es mittlerweile fast peinlich zu sagen, dass ich gewisse Tätigkeiten durch mein Sekretariat erledigen lasse – Kaffeekochen und Kopieren gehören nicht dazu, das habe ich immer schon selbst erledigt. Auch kann ich nicht so gut um Hilfe bitten. Ich musste tatsächlich lernen anzuerkennen, dass manche Arbeiten viel besser bei meiner Sekretärin aufgehoben sind, weil sie einfach besser dafür qualifiziert ist.

Elemente aktueller Führungskultur

Wem es nur auf Macht ankommt, nicht auf inhaltliches Leadership, der wird es schwer haben, in der modernen Führungswelt zu bestehen, denn diese hält verstärkt Einzug selbst in an sich konservative Unternehmen. Noch ist sie nicht in allen Unternehmen oder Unternehmensbereichen angekommen oder teilweise nur als leere Floskeln, die noch in die Tat umgesetzt werden müssen, aber es werden Fortschritte sichtbar. Zu ihnen gehören zum Beispiel die modernen Arbeitswelten mit Open-Space-Konzepten, agilen Arbeitsflächen und Desksharing. Meist sind die Chefs noch davon ausgenommen und sitzen in ihren Einzelbüros, abgeschottet vom Sekretariat, aber ich habe es schon anders gesehen – und nicht schlechter. Man muss sich nur einlassen und erkennen, dass eine gute Führungskraft nicht auf Statussymbole angewiesen ist, um von den Mitarbeitern respektiert zu werden.

Ein weiterer Punkt ist das kollektive DU. In Unternehmen wie den jungen Start-ups ist es gang und gäbe, sich zu duzen. Oft ergibt es sich von selbst – nämlich, wenn die Kommunikation auf Englisch stattfindet, frei nach dem Motto „you can say ‚you' to me". In dem Konzern, in dem ich arbeite, gibt es die unterschiedlichsten Handhabungen. Im international agierenden Unternehmensbereich ist es üblich, alle nur mit DU anzusprechen, von vielen kannte ich nicht einmal die Nachnamen, Chefs und Manager „von ganz oben" eingeschlossen. Allerdings sind solche Unternehmensbereiche nicht so stark hierarchisch geprägt wie operative Einheiten, in denen das SIE noch sehr üblich und das DU nur bestimmten Personengruppen oder ausgewählten Personen vorbehalten ist.

Ich habe mich den Vorreitern aus dem internationalen Unternehmensbereich angeschlossen, kollektiv allen 100+ Mitarbeitern aller Ebenen das DU anzubieten. Das war etwas ungewöhnlich und auch für mich – Ihr erinnert Euch: Ich bin NICHT aus der Generation Y – mit einem mulmigen Gefühl behaftet. Ich habe mir die Frage gestellt, was passieren würde, wenn wir uns alle duzen. Wird eine Henrike von allen Mitarbeitern genauso ernst genommen wie eine Frau Wilkes? Oder tanzen einem die Mitarbeiter dann auf dem

Kopf herum? Kann ich mir noch Gehör verschaffen, werde ich noch als Chefin wahrgenommen?

Die Antwort auf meine Zweifel war: ja und nein und ja. Ja, sie werden mich genauso ernst nehmen, selbst wenn sie mich mit meinem Vornamen ansprechen – dafür muss ich mit meinem Standing und meinem Auftreten und meiner Kommunikation sorgen. Nein, sie werden mir nicht auf dem Kopf herumtanzen, denn auch eine Henrike wird deutlich sagen, was es zu sagen gibt, ohne Rücksicht auf DU oder SIE. Und ja, ich werde noch als Chefin wahrgenommen, denn ich gebe Orientierung und trage die Verantwortung. Einige Zeit nach der Einführung des kollektiven DU kann ich sagen, dass es sich absolut gelohnt hat. Weder wurde mir mangelnder Respekt entgegengebracht, noch hatte ich den Eindruck, dass der Umgang miteinander an Wertschätzung nachließ. Im Gegenteil, nach meiner Wahrnehmung fühlen sich meine Mitarbeiter näher und trauen sich dann eher, ihre Meinung zu äußern, egal, ob positiv oder negativ.

Führungsaufgabe Mitarbeiterentwicklung

Meine Ausführungen bis hierher zeigen, dass Führungskraft zu sein nicht heißt, ein bisschen Chef zu spielen, sondern eine vielschichtige komplexe Angelegenheit ist, die stark von der eigenen Persönlichkeit und den eigenen Motiven geprägt ist. Dabei haben wir die Themen der Mitarbeiterentwicklung und Vorbildfunktion noch gar nicht behandelt, was eine sehr entscheidende und für mich eine der spannendsten Aufgaben der Führungskraft ist.

Als Führungskraft oder Chefin bin ich dafür verantwortlich, meine Mannschaft weiterzuentwickeln. Das ist ein sehr breites Feld, denn es umfasst nicht nur die Führungskräfteentwicklung zur Sicherung des Managernachwuchses, sondern ebenso die fachliche und personelle Teamentwicklung. Dies wiederum beinhaltet zudem die Entlassung und Rekrutierung von neuem Personal. Spätestens hier wird die Verantwortung deutlich, auf die ich bereits angespielt habe. Wenn ich kraft meiner Position in der Lage bin, Mitarbeiter freizusetzen, d. h. zu entlassen, dann muss ich damit verantwortungsvoll umgehen und nicht leichthin Kündigungen aussprechen, nur weil mir die Nase nicht passt. Zum Glück gibt es – zumindest in größeren Unternehmen – Schutzmechanismen, die solch eine Willkür verhindern sollen, die Arbeitnehmervertretungen. Allerdings gibt es in diesen größeren Unternehmen meist gute Führungskräfteentwicklungs- und Auswahlprogramme, die willkürliches Verhalten von vornherein verhindern sollten.

Eine sehr wichtige Eigenschaft einer guten Führungskraft ist, ein wirkliches Interesse an Menschen zu haben, denn nur dann wird man im besten Sinne aller Beteiligten handeln, was wiederum dazu führen kann, sich von einem Mitarbeiter zu trennen und für ihn oder sie eine neue berufliche Heimat zu finden. An dieser Stelle kommen noch Mut, Ehrlichkeit und eine gute Kommunikationsfähigkeit hinzu.

Dabei habe ich ein paar Situationen im Sinn, in denen sich ehemalige Mitarbeiter nach einiger Zeit bei mir für den fairen Umgang, die ehrliche Kommunikation und meinen transparenten inklusiven Führungsstil bedankt haben. Interessanterweise sind das alles Situationen gewesen, die seinerzeit nicht so angenehm waren, für beide Seiten nicht, denn ich musste diese Mitarbeiter aus ihren damaligen Jobs in andere Positionen im Unternehmen überführen. Im Nachhinein wurden diese Veränderungen jedoch als wegweisend und wertschätzend empfunden.

Einer meiner ehemaligen von mir angeleiteten Führungskräfte hatte beispielsweise das Bestreben, sich auf der Karriereleiter noch ein Stück weiterzuentwickeln und hatte dies offen bei mir angesprochen. Um seine Motivation richtig einschätzen und ihn entsprechend fördern zu können, habe ich – wie ich das immer mache – zunächst in einem Gespräch abgeklopft, was dahintersteht – Macht oder Leadership. Leider stand in diesem Fall nicht Leadership dahinter, sondern ein Streben nach Macht. Selbst in seinem originären Tun als Führungskraft einer unteren Hierarchiestufe wurde dies offensichtlich, sodass ich schlussendlich zu der Einschätzung kam, dass er selbst als Führungskraft der unteren Ebene nicht wirklich geeignet war und für eine Position weiter oben noch weniger. Tja, da steht man dann als Manager und muss ein zunächst augenscheinlich negatives Gespräch führen, denn es geht ja um ein Kritikgespräch. Mehr noch, es geht um ein Gespräch, von dem man annimmt, dass es den Gesprächspartner komplett demotiviert, was aber rückblickend nur im ersten Moment, aber nicht langfristig der Fall war.

Aber das Führen von schwierigen Gesprächen ist eigentlich gar nicht so schwierig. Kritikgespräche sind ohnehin etwas, was aus meiner heutigen Sicht zu Unrecht negativ belegt ist. In meinen Führungskräfte-Entwicklungsbausteinen sind Kritikgespräche immer negativ „gehypt" worden mit Aussagen wie: „Oh, das Übungskritikgespräch hat es in sich, das ist wohl die größte Hürde". Mittlerweile freue ich mich auf solche „schwierigen" Gespräche, nicht weil ich es mag, meine Mitarbeiter zu kritisieren oder gar zu demotivieren, sondern weil ich die Erfahrung gemacht habe, dass diese Art von Gesprächen die meiste Wirkung hinterlassen – und in den meisten Fällen eine positive. Oft ist mir sogar im Nachhinein Dankbarkeit entgegengeschlagen.

Ich bin der festen Überzeugung, dass jeder Mitarbeiter, ob er oder sie nun selbst Führungskraft ist oder nicht, es verdient hat, ehrliches, zielführendes Feedback zu erhalten. Ich selbst schätze das. Zwar werde ich nicht gerne kritisiert, aber nur so kann ich dazulernen und mich weiterentwickeln. Wie sonst kann man Personalentscheidungen treffen, wenn man nicht regelmäßig mit den Mitarbeitern im Austausch und im Feedbackprozess ist?!

Jeder Mitarbeiter ist anders und spricht auf unterschiedliche Ansprachen und Führungsstile an. Mir persönlich macht es am meisten Spaß, wenn Mitarbeiter aufgeschlossen genug sind, sich von neuen Ideen – und davon habe ich meist viele – überzeugen zu lassen und einfach mal was auszuprobieren. Ich habe schon immer lieber über das „wie" diskutiert, als mich stundenlang über das „ob" zu unterhalten.

Es ist offensichtlich, dass Führung nicht immer nur Spaß macht, sondern oft eine Kehrseite der Medaille hat, zum Beispiel das Führen von Kritikgesprächen, was man als dienstjunge Führungskraft am liebsten erst einmal vermeiden möchte. Daher stellt sich die Frage, wie man dies üben kann. Wenn Du schon erfahrene Führungskraft bist, was hat Dich sicher in dieser Art von Gesprächsführung gemacht?

Wenn Du noch nicht so erfahren bist, kann es helfen, das Mindset des Negativen gegen ein Positives auszutauschen. Es ist positiv und wertschätzend für den Mitarbeiter, in aller Offenheit und Transparenz zu erfahren, was falsch läuft. So gibst Du ihm als Führungskraft das Signal, dass er Dir wichtig ist, weil Du Dir Zeit für ihn nimmst, und dass Du ihn gerne in seiner Arbeit unterstützen würdest, weil Du an seine positive Entwicklung glaubst.

> *Beim Erfolg geht es nicht darum, wie viel Geld Sie verdienen. Es geht um den Unterschied, den Sie im Leben der Menschen machen.*
>
> **Michelle Obama**

Was eine gute Führungskraft ausmacht

Es gibt viele, wenn nicht Hunderte und Tausende von Artikeln, Studien und Statements, in denen beschrieben wird, was eine gute Führungskraft ausmacht, und die Liste der Attribute ist lang. Ziemlich weit vorne steht meistens das Wort „Vertrauen", also dass man seiner Führungskraft vertrauen kann und natürlich umgekehrt. Vertrauen ist in der Tat für mich eine sehr wichtige Basis für gute Zusammenarbeit. Allerdings scheint mir am wichtigsten zu sein, dass jeder auf dem Weg zur Führungskraft herausfinden muss, ob er ein Menschentyp ist. Damit ist gemeint, ob er ein ehrliches Interesse an Menschen hat.

Interesse an Menschen

Ein echtes Interesse an Menschen ist für mich die wichtigste Eigenschaft einer Führungskraft.

Freude am Umgang mit Menschen ist für mich die Voraussetzung Nummer eins, wenn jemand Führungskraft werden möchte. Ohne Interesse an Menschen und deren Charaktereigenschaften wird man sich nicht dafür begeistern können, Mitarbeiter anzuleiten, zu entwickeln und damit auch zu führen.

Im Rückblick zieht sich mein Interesse an Menschen wie ein roter Faden durch meine beruflichen Stationen.

Während meiner frühen Station in der Hotellerie war meine Lieblingsschicht die bis nachts an der Bar. Ich habe es geliebt, hinter dem Tresen zu stehen, Bier zu zapfen, Cocktails zu mixen, die Getränkewünsche der Gäste zu antizipieren und mit ihnen in lockerer Atmosphäre zu plaudern. An anderen Schichten, in denen es mehr um Fachlichkeit ging, beispielsweise um die Frage, wie man die Teller und das Besteck beim Abräumen zu stapeln hat, ob das Getränk von rechts oder von links eingeschenkt wird oder ob das Weinglas genau einen Fingerbreit oberhalb der Messerspitze des Hauptgangs platziert wird, fand ich weniger Gefallen. Klar, habe ich diese Sachen während meiner Ausbildung gelernt und weiß sie heute noch, aber wirklich Spaß hatte ich, wenn ich mit den Gästen plaudern konnte, und das war meist nicht beim À-la-carte-Service im Restaurant, sondern in den Spätschichten an der Bar.

Während meiner Zeit in der Versicherungsbranche hatte ich ähnliche Erkenntnisse. Ich war eine Zeitlang als Führungskraft im Vertrieb, also im Versicherungsaußendienst tätig. Mein Job war es, rund 20 Versicherungsagenturen und deren Angestellte in den Erfolg zu führen oder sie so erfolgreich zu behalten, wie sie es unter Umständen schon waren. Fachlich konnte ich das nicht, denn ich war weit weniger gut qualifiziert als die Agenturinhaber selbst. Ich konnte ihnen jedoch bei der Agentursteuerung – ich hatte ja BWL studiert – oder der Mitarbeiterführung und generellen Leistungsmotivation helfen. Ein wichtiges Instrument waren die von mir initiierten regelmäßigen Stammtische, bei denen ich mit meinen Agenturinhabern Geschäftliches besprechen und informell plaudern konnte. Die Stammtische wurden außerdem dazu genutzt, sich untereinander besser kennenzulernen, denn nicht alle Agenturinhaber kannten sich gut. Hintergrund ist, dass Vertriebler häufig in Konkurrenz zueinander stehen, obwohl das kaum jemand offen zugibt.

Ich selbst hatte, wie ich zugeben muss, am meisten Spaß an diesen Stammtischen, denn ich wollte meine Leute besser kennenlernen, und das war eine prima Gelegenheit dazu. In informeller Runde erfährt man Dinge, die in rein geschäftlichem Kontakt nicht zur Sprache kommen, die aber wichtig sind, um den Gegenüber besser einschätzen und letztendlich besser führen zu können. Ich habe auf diesem Weg beispielsweise erfahren, dass sich ein Agenturinhaber immer ärgerte, wenn er nicht unter den ersten drei auf unserer Leistungsrangliste stand. Das hätte er in formeller Runde nie zugegeben, aber bei einem unserer Stammtische kam es zur Sprache. So konnte ich ihm helfen, die nötigen Hebel zu bedienen, um in dem komplexen Auswertungssystem der Rangliste weiter oben anzukommen. Das spielte auch mir bei der Erreichung meiner eigenen Umsatzziele, die sich aus der Summe der Ziele meiner Agenturinhaber bildeten, in die Karten.

Außerdem waren die Stammtische lustig, insbesondre der erste. Da ich fast nur Männer in meinem Bereich hatte, war ich mitunter die einzige Frau in der Runde. Die Männer haben zu Beginn recht zurückhaltend agiert mit Sprüchen oder Witzen, die man sich halt an einem Stammtischabend so erzählt, und immer in meine Richtung geschaut, ob ich noch mitlachen würde oder schon nicht mehr. Ich habe bis zum Schluss mitgelacht, nicht weil ich mich gezwungen gefühlt hätte, sondern weil es echt lustig war. Jetzt denken bestimmt einige, dass ich als Frau ein ganz schön dickes Fell gehabt haben oder mindestens ein derbes Mannsweib gewesen sein muss, um Stammtische mit Männern aus dem Versicherungsvertrieb zu organisieren und dies noch gerne zu tun. Beides war nicht der Fall – weder würde ich mich als derbes Mannsweib bezeichnen, noch musste ich ein dickes Fell haben, denn hinter der manchmal etwas rauen Oberfläche stecken oft sehr nette und herzliche Menschen. Klar ist aber auch, dass man keine Mimose sein darf, wenn einer der Witze doch mal die Gürtellinie schrappt.

Authentizität

Nur wer authentisch ist, wirkt glaubhaft.

Eine weitere Voraussetzung, eine gute Führungskraft zu sein, ist Authentizität. Nur wer authentisch ist, wirkt glaubhaft. Wir kennen alle folgende Situation: Du hörst jemandem zu, sei es dem Chef bei einer Sitzung, einem Referenten in einem Seminar oder einem Politiker im Fernsehen. Alles, was er oder sie sagt, klingt plausibel, da schlüssig argumentiert, aber so wirklich überzeugt bist Du zum Schluss nicht. Du hast eine Art „Störgefühl“, wie ich es gerne nenne, eine Art Zwiespalt zwischen dem, was Dein Kopf auf der einen Seite sagt und Dein Bauch auf der anderen. Dein Kopf sagt: „Stimmt doch alles, was er gesagt hat, es gab eine Argumentation, der ich folgen konnte, es hat alles Sinn gemacht.“ Aber Dein Bauch sagt: „Irgendwie nehme ich ihm das nicht 100 % ab, er steht nicht dahinter, der Vortragende hatte etwas Aufgesetztes, Unechtes.“ Und Dir bleibt keine wirklich bleibenden Erinnerungen an den Redner.

Wenn dieses meist nur unterschwellig wahrgenommene Störgefühl auftritt, ist in der Regel fehlende Authentizität im Spiel. Entweder stand der Redner tatsächlich nicht hinter dem, was er sagte, und hat nur Folien abgelesen, oder er hat versucht, jemand anderes zu kopieren, und dabei die eigene Persönlichkeit überspielt. Letzteres kommt häufiger vor und ist mir hin und wieder selbst passiert – einfach, weil ich es nicht besser wusste.

Immer noch in Erinnerung ist mir eine Situation, die mittlerweile mehr als zwanzig Jahre zurückliegt. Damals war ich junge Führungskraft in der Hotellerie, so um die 22 Jahre alt. Eine richtige Ausbildung zur Führungskraft mit Trainings zur Führung von Mitarbeitern und Kommunikation hatte ich nicht gehabt, sondern war aufgrund meines Fleißes und Engagements in die Position gehoben worden, was seinerzeit in der Branche recht üblich war. Da stand ich dann als Leiterin des Hotelrestaurants mit ca. 5 Mitarbeitern und musste plötzlich eine angespannte Situation regeln: Im

Hotelrestaurant tauchten neben den Tischreservierungen zahlreiche weitere Gäste auf, die alle bedient werden wollten. Just in diesem Moment kam ich ins Restaurant und fand ein ziemliches Durcheinander vor. Überall stand benutztes Geschirr herum, es sah unappetitlich und chaotisch aus. Offen gesagt wusste ich nicht, wo anfangen, denn ich hatte so schnell nicht den Überblick, wer gerade was zu tun hatte und wie Ordnung in das Chaos kommen sollte. Deshalb handelte ich so, wie mein Chef, der Hoteldirektor, in dem Moment gehandelt hätte, jedenfalls meiner Beobachtung nach. Er gab deutliche, teilweise schroff klingende Anweisungen und die Mitarbeiter machten dann, was er sagte.

Also fing ich mit meinen Anweisungen an, die jedoch ins Leere liefen. Irgendwann merkte ich, dass ich allein im Restaurant mit dem Chaos und den ungeduldig werdenden Gästen stand – alle Mitarbeiter waren auf einmal weg, nicht mehr da. Ich fand sie dann alle im Pausenraum –plaudernd mit meinem Chef. Ich fragte, was denn hier los sei, warum ich allein dort im Chaos stände, was ich ja gar nicht produziert hätte. Als Antwort bekam ich zu hören, dass ich doch sehen solle, wie ich klarkäme, wenn ich schon alles besser wüsste. Das saß! Vor allem, weil mein Chef sich auf die Seite der Mitarbeiter gestellt und gegen mich positioniert hatte – er saß ja dabei und hat mitgelacht. Ich habe mich selten in meinem Berufsleben so schlecht und gedemütigt gefühlt. Mir war klar, dass ich etwas falsch gemacht haben musste, wusste aber nicht, was genau und vor allem, wie ich es hätte besser machen können.

Was war passiert? Ich hatte mit geliehener Macht agiert. Ich dachte, wenn mein Chef so sprechen kann und das eine entsprechende Wirkung und den gewünschten Erfolg hat, dann werde ich das als Leiterin der Abteilung wohl auch können. Dass uns eben nicht nur die Hierarchieebene, sondern gut und gerne 15 Jahre Lebens- und Berufserfahrung trennten, spielte mit in die Situation hinein. Ich war einfach nicht authentisch gewesen, sondern habe so getan, als wäre ich mein Chef, weil ich ihn nachgeahmt hatte. Das war der Fehler. Stattdessen hätte ich meine Hilfe anbieten, mich in die Arbeitsabläufe einreihen und meine Kollegen unterstützen sollen. Schließlich hatte ich keine unerfahrenen Kollegen an Bord. Diese wurden halt von vielen plötzlich eintreffenden Gästen überrascht, wodurch das Chaos entstand. Heute – gut zwanzig Jahre später– weiß ich, dass ein Chef sich keinen „Zacken“ aus der Krone bricht, wenn er oder sie mal mit anpackt und mithilft. Im Gegenteil, es wird von den Mitarbeitern sehr geschätzt, wenn der Chef mal aus seinem Büro herauskommt und sich für das interessiert, was an der „Basis“ passiert.

Selbstbewusstsein und Selbstvertrauen

Was eine gute Führungskraft ebenfalls ausmacht, ist ein gesundes Selbstvertrauen. Aber was heißt das? Viele nutzen die Begriffe Selbstbewusstsein, Selbstvertrauen oder Selbstwert synonym, aber wenn man sich näher damit beschäftigt, erkennt man Unterschiede und sieht auch, dass die Begriffe aufeinander aufbauen. Wenn man sich eine mehrstöckige Torte vorstellt, ist der Boden das Selbstbewusstsein. Ist man sich seiner selbst bewusst, heißt das, dass man beispielsweise weiß, was man kann oder nicht kann und was einen antreibt. Das ist ein wichtiger Punkt, denn wenn dies einem nicht bekannt ist, erfährt man möglicherweise eine Diskrepanz zwischen der Eigen- und Fremdwahrnehmung. Man sieht sich selbst anders (besser oder schlechter), als die anderen es tun, was zu Konflikten führen kann, mindestens zu inneren Konflikten, wenn man auf einmal nicht mehr einordnen kann, wieso andere auf die eigenen Handlungen in einer bestimmten Art und Weise reagieren.

Eine halbwegs passende Übereinstimmung zwischen Eigen- und Fremdwahrnehmung ist nicht nur für Führungskräfte vorteilhaft, aber insbesondre Führungskräfte sollten selbstbewusst sein und einen guten Überblick darüber haben, wo ihre Stärken, aber auch ihre Schwächen oder blinden Flecke liegen. Das ist kein einmaliger Akt, sondern begleitet eine Führungskraft das ganze Berufsleben über.

Selbst als erfahrene Führungskraft ertappe ich mich hin und wieder dabei, Gefahr zu laufen, blinde Flecken entstehen zu lassen, wenn ich nicht rechtzeitig gegensteuere. Mir kann dies in Situationen passieren, in denen ich eine Person aus meinem Team ein bisschen sympathischer finde als eine andere, weil diese eine Person mehr Parallelen mit meiner eigenen Persönlichkeit hat. Dann bin ich versucht, dieser

Person mehr Aufmerksamkeit zu schenken und unter Umständen weniger kritisch zu begegnen als anderen Teammitgliedern. Ich bilde mir jedoch ein, dass ich ein gutes Gespür dafür habe, dies rechtzeitig zu bemerken, sodass ich wieder Neutralität und emotionale Gleichbehandlung für alle Teammitglieder gelten lasse.

Wer sich seiner selbst nicht bewusst ist, dem wird es schwerfallen, Selbstvertrauen aufzubauen, denn Selbstvertrauen heißt, dass man sich auf seine Persönlichkeit mitsamt allen Stärken verlassen kann; man kann sich selbst vertrauen, weil man sich kennt – weil man sich seiner selbst bewusst ist – Selbstbewusstsein. Ich würde sogar so weit gehen zu sagen, dass ohne Selbstbewusstsein ein gesundes Selbstvertrauen nicht möglich ist.

Mut und Entscheidungsfreude

Mut ist ebenfalls eine Eigenschaft, über die man als Führungskraft verfügen sollte. Als Führungskraft soll man ein Team, eine Abteilung oder ein Unternehmen führen, und zwar am besten in den Erfolg. Dabei wird man nicht an der Tatsache vorbeikommen, Entscheidungen zu treffen. Das allein ist nicht so schwierig, allerdings kommt es oft vor – und je höher man in der Managementebene unterwegs ist, umso häufiger–, dass man Entscheidungen treffen muss, ohne alle notwendigen Informationen zu haben. Erschwerend kommt hinzu, dass man meist nicht die Zeit und Ressourcen hat, die benötigten Informationen zu beschaffen, die einen in die Lage versetzen würden, eine fundierte, auf Fakten basierte, gründlich abgewogene Entscheidung zu treffen.

Als Manager ist man gefragt zu handeln, und zwar meist prompt und ohne viel Vorlauf. Dafür ist man Manager – dass man Dinge, Aufgaben, Mitarbeiter managt. Das muss man aber erst lernen.

In meinen Anfängen war es erst einmal bequem, jemanden zu haben, den man um Rat fragen konnte. Ich hatte immer ausreichend Kollegen, die über mehr Erfahrung verfügten, als ich es tat. Daher war es ein einfacher Weg, mich an sie zu wenden, wenn ich unsicher war. Zudem hatte ich oft Chefs, die offen genug waren, mir Rede und Antwort zu stehen. Öfters holte ich mehrere Meinungen ein, um selbst dann die bestmögliche Entscheidung zu treffen. Rückblickend war das für den Anfang genau das richtige Vorgehen. Allerdings ist es wichtig, den Absprung zu schaffen und sich freizuschwimmen. Man möchte nicht endlos die Kollegen nerven. Ich jedenfalls wollte irgendwann unabhängig von meinen Kollegen und vom Chef Entscheidungen treffen, auch um zu zeigen, dass ich mich in die jeweilige Führungsposition eingearbeitet hatte und nicht mehr der „Anfänger“ war.

Am besten habe ich den Absprung geschafft, wenn keiner da war, den ich fragen konnte – wenn der Kollege, den ich immer um Rat gefragt hatte, im Urlaub und der Chef nicht zu greifen war. Da musste ich mich mit dem Sachverhalt selbst so befassen, dass ich eine gute Entscheidung treffen konnte, die bestenfalls auf ein späteres Hinterfragen hin gut zu verargumentieren sein würde. In diesen Situationen habe ich das meiste gelernt. Nicht nur fachlich und inhaltlich, weil ich mich mit einer konkreten Sache intensiv beschäftigt hatte, sondern auch, weil im Laufe der Zeit meine Entscheidungen, die ich auf diese Art und Weise gefällt hatte, gut und verlässlich waren. Ich habe nie die Rückmeldung erhalten, dass ich komplett danebengelegen hatte.

Ich erwarte Entscheidungsfreude und den zugehörigen Mut auch von meinen Führungskräften. Mir ist es lieber, meine Führungskräfte treffen Entscheidungen und agieren aktiv, als dass sie mit jeder Kleinigkeit zu mir kommen. Natürlich ist es gerade zu Beginn völlig in Ordnung, sich lieber einmal mehr als zu wenig abzusichern, aber mit der Zeit müssen dienstjunge Führungskräfte lernen, Mut für Entscheidungen aufzubringen. Dafür braucht es eine gute Anleitung, Erfahrung und die unbedingte Rückendeckung des Chefs, sodass man darauf vertrauen kann, dass eine Fehlentscheidung nicht mit Jobverlust oder Ähnlichem geahndet wird. Dienstjunge Führungskräfte genau dorthin zu führen, ist für mich eine der wichtigsten Aufgaben als Managerin.

Die Momente, in denen ich sehe, dass sich aufgrund meines Zutuns und meiner Hilfestellung Menschen positiv entwickeln, sich entfalten, als Persönlichkeit wachsen, sind die schönsten in meiner Führungskräftelaufbahn. Genau deshalb bin ich Führungskraft geworden und bin es weiterhin leidenschaftlich gerne!

> *Zu sehen, wie sich Menschen mit meiner Unterstützung persönlich weiterentwickeln, sind für mich die schönsten Momente als Führungskraft.*

Intuition

Eine weitere wichtige Eigenschaft ist Intuition bzw. die Fähigkeit, seine Intuition wahrzunehmen, zuzulassen und für Business-Entscheidungen einzusetzen. Aber der Reihe nach: Intuition wird gemeinhin gleichgesetzt mit Bauchgefühl. Jeder hat ein Bauchgefühl, davon kann sich niemand freisprechen. Aber wer hört wann auf sein Bauchgefühl? Im privaten Bereich wahrscheinlich die meisten. Man oder besonders frau geht wahrscheinlich nicht nachts durch den dunklen Park, wenn es einen Weg durch eine beleuchtete Straße gibt – das Bauchgefühl sagt einem, dass man vorsichtig sein soll.

Aber wer traut sich schon, sein Bauchgefühl, also seine unbewusste Wahrnehmung, in Business-Entscheidungen einfließen zu lassen? Auf den ersten Blick wäre es unseriös, wenn man zum Beispiel sagen würde: Nein, diesen Bewerber stelle ich nicht ein. Sachlich spricht zwar nichts dagegen, denn Zeugnisse und Qualifikationen stimmen, aber mein Bauchgefühl sagt mir, dass ich es lieber nicht tun sollte. Und dennoch können es gute Entscheidungen sein, die mithilfe der Intuition getroffen werden, möglichweise sogar die besseren.

Dies ist mir bewusst geworden, als ich das Buch von Maja Storch „Das Geheimnis kluger Entscheidungen“[9] gelesen habe, in dem es um die Wichtigkeit und den wissenschaftlichen Hintergrund von Intuition geht. Ohne den gesamten Inhalt des Buches vorzustellen, kann ich wiedergeben, dass das Unbewusste, was die Intuition ausmacht, eine beträchtliche Rolle in der menschlichen Wahrnehmung spielt, ja sogar sehr eng mit den kognitiven Prozessen im Gehirn zusammenhängt und damit bei Entscheidungen nicht ausgeblendet werden kann. Was flächendeckend noch nicht passiert, ist, dass diese intuitiven Prozesse angemessene Beachtung finden.

Aus eigener Erfahrung kann ich sagen, dass ich bei zwei Personalentscheidungen im Nachhinein lieber auf meine Intuition gehört hätte, aber seinerzeit nicht den Mut hatte, meinem Bauchgefühl dieses Gewicht in meiner Entscheidungsfindung zu geben. Ich war damals als Leiterin einer Vertriebseinheit ein ganzes Jahr lang damit beschäftigt, kontinuierlich Personal einzustellen, da wir noch nicht ausreichend Mitarbeitende hatten, um alle Stellen zu besetzen. Im Unternehmen hatten wir einen sehr ausgereiften Auswahlprozess mit vielen Schritten: vom Interview, über ein Online-Assessment-Center und ein persönliches Assessment-Center bis hin zum Abschlussgespräch beim Chef, also bei mir.

Zwei der Bewerber hatten den Auswahlprozess einwandfrei durchlaufen. Alle Zeugnisse und Qualifikationen passten, die Übungen in den Assessment-Center waren erfolgreich bestanden worden und eigentlich sprach nichts gegen die Einstellung dieser Kandidaten – nur mein Bauchgefühl. Im jeweiligen Abschlussgespräch hatte ich das Gefühl, dass irgendwas nicht stimmte. Irgendwas sagte mir, es muss meine innere Stimme, meine Intuition, gewesen sein, dass diese Kandidaten nicht zu uns passten, sich wahrscheinlich nur schwierig ins Team integrieren und möglicherweise nicht lange bei uns bleiben würden. Dennoch hatte ich in der damaligen Situation der Personalknappheit nicht den Mut zu sagen, dass ich sie nicht einstellen würde. Zwar hätte ich als verantwortliche Managerin die Befugnis dazu gehabt, aber ich hätte mich nicht getraut zu sagen, dass die Begründung für eine Nichteinstellung meine Intuition war, denn alle objektiven Kriterien stimmten ja.

Was soll ich sagen: Beide Kandidaten wurden eingestellt und beide – unabhängig voneinander – haben das Unternehmen nach nicht einmal sechs Monaten wieder verlassen, weil es offensichtlich doch nicht „gepasst" hatte. Im Nachhinein weiß ich, dass ich damals auf meine Intuition hätte hören sollen, denn so hatten wir und ebenso die Kandidaten viel Zeit, Geld und Nerven für die Ausbildung und Einarbeitung investiert – am Ende für nichts und wieder nichts.

Zusammenfassend halte ich fest, dass eine gute Führungskraft bestimmte Eigenschaften mitbringen oder entwickeln sollte. Dazu gehört in aller erster Linie ein echtes Interesse an Menschen. Im Umgang mit Menschen ist es wichtig, dass man authentisch ist und nicht mit geliehener Macht agiert. Mut, Entscheidungsfreude und eine gute Intuition, die man gezielt einsetzen kann, sind ebenso vorteilhaft wie die Fähigkeit, sich selbst zu reflektieren und schließlich dann Selbstvertrauen zu gewinnen. All das sind die Zutaten für eine vertrauensvolle Zusammenarbeit mit den Mitarbeitern.

Ich lade Dich ein zu reflektieren, über welche der oben genannten Eigenschaften, die eine gute Führungskraft ausmachen, Du bereits verfügst.

- Bist Du ein Menschenfreund und hast Du Spaß daran, den Erfolg Deiner Kollegen mitzugestalten?
- Bist Du mutig und entscheidungsfreudig?
- Wie stehst Du zum Thema Intuition und wieviel Platz nimmt sie in Deinen Entscheidungen ein?
- Nimm Dir einen Moment Zeit und blicke auf berufliche Situationen, die Dir im Gedächtnis sind. Dabei ist es egal, ob dies positive oder eher peinliche Situationen waren. Was kannst Du aus den Situationen und Deinen Reaktionen darauf ableiten?

> *Das habe ich noch nie vorher versucht, also bin ich völlig sicher, dass ich es schaffe.*
>
> **Astrid Lindgren**

Sich selbst führen können

Neben den bereits genannten Eigenschaften gibt noch eine weitere, die ich als Voraussetzung für erfolgreiches Führen sehe, die Selbstführung. Jemand, der eine gute Führungskraft sein möchte, sollte in der Lage sein, sich selbst zu führen. Um was es sich dabei handelt, wird im Folgenden beschrieben.

Der Begriff der Führung begegnet uns im Alltag sehr häufig und daher befinden wir uns – öfter als uns vielleicht bewusst ist– in Führungspositionen. Hier ein paar Begriffe aus dem täglichen Leben, die das Wort „Führung“ beinhalten:

- Führerschein – rund 58 Millionen Deutsche sind im Besitz eines PKW-Führerscheins[10]; das entspricht ca. 70 % der Bevölkerung.
- Museumsführung – wer hat nicht schon einmal eine Museumsführung mitgemacht?
- Beweisführung – wir müssen uns nur an die unzähligen Gerichtsshows im Fernsehen erinnern.
- Verführung – wer ist schon mal verführt worden oder wer hat schon mal verführt?

Gemeinsam haben diese Wörter, dass sie eine Aktivität beschreiben. Wenn ich einen Führerschein habe, darf ich aktiv am Steuer eines Wagens sitzen und steuere Richtung und Geschwindigkeit. Bei der Museumsführung führt der Guide seine Besucher aktiv durch die Ausstellungen – vorausgesetzt, man hat sich für einen Museumsführer aus Fleisch und Blut entschieden. Möchte man jemanden verführen, ist es nicht zielführend, passiv an der Bar zu hocken, schüchtern zu Boden zu blicken und sich schweigend an seinem Bierglas festzuhalten. Im Gegenteil: Man muss aktiv auf die zu verführende Person zugehen.

Aus den Alltagsbeispielen, und man könnte noch viele weitere finden, lässt sich sehen, dass jeder von uns im Alltag in irgendeiner Art und Weise mit Führung zu tun hat, ja sogar in vielen Fällen Führung aktiv gestaltet, ohne sich dessen bewusst zu sein. Daher behaupte ich: Jeder führt! Nicht nur Führungskräfte führen, sondern jeder führt irgendwann einmal in seinem Alltag – vielleicht sogar regelmäßig.

Jeder führt im Alltag – fast immer!

Was hat es nun mit der Selbstführung auf sich? Ich behaupte, dass man andere nur gut führen kann, wenn man sich selbst gut führt. Aus meiner Sicht braucht es ein paar Schritte, um in die Selbstführung zu gelangen:

Im ersten Schritt zur Selbstführung ist die *Selbstwahrnehmung* notwendig: sich selbst wahrzunehmen und Selbstbewusstsein zu entwickeln. Selbstbewusstsein wird häufig mit Selbstvertrauen verwechselt, es stellt aber eine Vorstufe für Selbstvertrauen dar.

Nachdem man sich bewusst gemacht hat, wo man steht, was man kann und was nicht, kommt der zweite Schritt, die *Selbstreflexion.* Man denkt darüber nach, warum man so ist und was man damit machen kann, und hat vielleicht sogar erste Ideen, wie sich gewisse Dinge ändern könnten.

Der dritte und nächste Schritt nach Selbstwahrnehmung und Selbstreflexion ist die *Selbststeuerung.* Man weiß, wer man ist, was einen ausmacht (Selbstbewusstsein) und man hat sich Gedanken darüber gemacht, wie man was ändern möchte (Selbstreflexion). Jetzt kommt die Umsetzung, die Selbststeuerung. Man setzt das um, was man sich vorgenommen hat, und damit steuert man sich selbst und sein Verhalten zielgenau gemäß dem, was man vorher erkannt und reflektiert hat.

Je öfter und je konsequenter man die Selbststeuerung durchführt, desto öfter wird man Erfolgserlebnisse haben. Man wird sukzessive sein Verhalten, seine Einstellung oder was auch immer verändern und damit zum Positiven wenden. Das führt unweigerlich zum vierten Schritt, dem *Selbstvertrauen.* Man kann sich selbst vertrauen, dass man Dinge, die man an sich beobachtet und reflektiert, entsprechend ändern und sich und seine Verhaltensweisen somit selbst steuern kann. Ein gesundes Selbstvertrauen ist doch das, was wir uns alle wünschen und was wir insgeheim bei anderen bewundern, wenn wir selbst damit nicht so üppig ausgestattet sind, oder nicht? Mir jedenfalls ging es viele Jahre so, bis ich selbst ein gesundes Maß an Selbstvertrauen entwickelt habe.

Diese vier Schritte machen den *Prozess der Selbstführung* aus, der bestenfalls in einem optimierten Selbstvertrauen mündet. Selbstvertrauen – das Vertrauen in die eigenen Stärken und Fähigkeiten – wiederum ist die wichtigste Eigenschaft für Erfolg. Natürlich sind Talent, Mut, Entschlossenheit, Durchhaltevermögen und sonstige Eigenschaften nicht unwichtig, aber der entscheidende Faktor scheint wirklich Selbstvertrauen zu sein.

Führe Dir Folgendes vor Augen:

- Bevor Du andere führst, musst Du Dich selbst führen können.
- Die Selbstführung besteht aus Selbstbewusstsein/Wahrnehmung, Selbstreflexion und Selbststeuerung.
- Das alles führt zu einem fundierten guten Selbstvertrauen.
- Wer sich selbst führen kann, hat die Voraussetzungen dafür, andere zu führen, ohne sich zu verstellen, sondern dabei sehr authentisch zu sein.

Aus dem Prozess der Selbstführung habe ich meine fünf Leadership-Takeaways entwickelt:

1. *Jeder führt immer!*
2. *Um andere führen zu können, solltest Du Dich zunächst selbst führen können!*
3. *Selbstbewusstsein kommt vor Selbstvertrauen!*
4. *Selbstvertrauen ist die wichtigste Eigenschaft, um erfolgreich zu sein.*
5. *Bei allem, was Du tust: Bleib immer authentisch!*

3

Schritt für Schritt zur Führungskraft

Jeder fängt einmal an. Der erste Schritt ist oft der schwierigste, weil man sich vielleicht nicht traut, sich auf eine bestimmte (Führungs-)Position zu bewerben oder noch gar nicht so richtig weiß, was auf einen zukommt. In diesem Kapitel möchte ich die wichtigsten Tipps und Erfahrungen in Sachen Auftreten und Wirkung weitergeben, die mir als Bewerberin und personalverantwortliche Managerin im Laufe meiner Karriere weitergeholfen haben.

Bewirb Dich – mit Mut und Selbstvertrauen!

Eigentlich dürfte man keinen Unterschied machen müssen und sich nicht die Frage stellen, wie frau sich speziell als Frau bewerben soll. Dennoch greife ich diese Thematik auf. Grundsätzlich gilt, dass Frauen und Männer dieselben Chancen haben sollten, eine Führungsposition zu besetzen, wenn sie die notwendigen Qualifikationen dafür mitbringen. Ein mir als Managerin wichtiges Differenzierungsmerkmal ist, dass die Bewerber authentisch sind und ich ihre Stärken erkennen kann. Nur so kann ich entscheiden, wie ich die zu vergebene Position am besten besetzen kann. Das Geschlecht ist es mir dabei tatsächlich egal – Hauptsache, die Person bringt das mit, was für das zu führende Team nötig ist.

Bleib Dir treu

Nach meiner praktischen Erfahrung jedoch haben speziell Frauen häufig das Gefühl, dass sie sich „mehr verkaufen“ und bessere Qualifikationen vorweisen müssen als ihre männlichen Bewerberkollegen, um den Job zu bekommen. Daraus entsteht oft der gefühlte Drang von Frauen, sich mit Männern zu vergleichen. Dies beobachte ich sowohl in der Verhaltensweise als auch in der äußeren Erscheinung.

Frau meinte eine Zeitlang – allmählich scheint sich glücklicherweise das Bild zu ändern – ähnlich „tough" agieren zu müssen wie ein Mann. Da werden plötzlich kraftvolle Ausdrucksweisen gebraucht, die gar nicht zu der Person passen, die vor einem sitzt. Frau versucht, sich stark, unverwüstlich, machtvoll und durchsetzungsfähig zu präsentieren, und das ist gut so, wenn sie es wirklich ist und ausstrahlt. Wenn nicht, kann das in eine mittelschwere Katastrophe führen, denn dann ist sie nicht authentisch. Nicht authentisch zu sein, ist wahrscheinlich der häufigste Grund zu scheitern, denn authentisch bedeutet glaubhaft. Und wie kann ich glaubhaft wirken, wenn ich es nicht bin. Also bitte immer schön man selbst bleiben!

Äußeres – sich anpassen oder auffallen?

Weiter geht das mit dem Äußeren, und zwar mit der Kleidung. „Kleider machen Leute" kennen wir als viel zitierten Spruch, und das stimmt auch. Ich überlege mir immer sehr genau, was ich anziehe – und vor allem, wie ich damit wirken will. Zu Beginn meiner Führungskarriere habe ich eine (kurze) Zeitlang Anzüge und Kostüme getragen, klassische Businesskleidung also. Dagegen ist nichts einzuwenden. Die Anzüge, zumindest diejenigen, die nach Unternehmensberaterimage aussahen, habe ich sehr schnell weggelassen und gegen etwas mehr Weibliches getauscht. Damals bin ich einem Impuls, einem Gefühl gefolgt, habe das noch nicht so bewusst wie heute getan.

Ich erinnere mich an eine Diskussion mit einer Freundin, die klassisch aus der Unternehmensberatung kam und der Meinung war, sie müsse „tough cookie" spielen, dürfe den Männern in nichts nachstehen, und das müsse sich auch in der Kleidung zeigen. Einen Rock oder ein Kleid zu tragen, kam für sie nie infrage; ich glaube, in ihrer Businessgarderobe gab es nicht mal ein Kostüm. Ihr sonstiger Auftritt war eher dezent, kein knalliges Make-up oder auffälliger Schmuck. Dies hätte nicht zu ihr gepasst, da sie tatsächlich eher der Typ für dezente Farben ist. Ich dagegen war der Meinung, dass ich mich abheben müsse. Sie war in der Unternehmensberaterbranche mit einem hohen männlichen Anteil und ich in der Versicherungsbranche, einer ebenfalls männerdominierten Welt – ein ziemlich ähnliches Setting also. Sie im dunklen Hosenanzug mit weißer Bluse und ich in bunten Kleidern, oder zumindest mit einem knallroten Lippenstift aufgetragen.

In unserer Diskussion ging es darum, mit welchem Image man versehen bzw. in welche Schubladen man gesteckt würde, je nachdem, wie man sich kleidet. Sie war der Meinung, sie müsse sich kleidungsmäßig und vom äußeren Auftritt in eine Reihe stellen lassen mit ihren männlichen Kollegen, um gleich zu zeigen, dass sie genauso ernst zu nehmen sei wie sie. Grundsätzlich kein schlechter Gedanke, denn Auffallen und Aus-der-Reihe-Tanzen birgt immer die Gefahr, dass das nicht positiv, sondern negativ wahrgenommen wird. Dann lieber eine von denen sein, denn man bzw. frau kann sich ja inhaltlich und von der Qualifikation her behaupten und vergleichen lassen, was im Falle meiner Freundin absolut stimmt. Sie ist sehr gut ausgebildet und hat echt was drauf, sonst wäre sie nicht in einer namhaften Strategieberatungsfirma gelandet.

Ich dagegen war der Ansicht und bin es immer noch, gut daran zu tun, mich erst einmal abzuheben. Sollten mich meine (männlichen) Kollegen doch in die „Püppchen"-Schublade stecken, mich nicht so recht ernst nehmen und denken, was macht „das Mäuschen mit dem bunten Kleid" denn da?! Das war mir egal, denn ich war überzeugt, dass sie einen Überraschungseffekt erleben würden, wenn ich mich in die Diskussion einbringen würde und der Fokus von den Äußerlichkeiten abgelenkt wäre.

Genauso habe ich es erlebt. Ich konnte mich inhaltlich immer behaupten und war akzeptiert, sobald ich den Mund aufmachte und meine Position vertrat – und das, obwohl ich mich bewusst weiblich gekleidet hatte. Wer jetzt denkt, ich wäre so ein Püppchen und das typische Mädchen auch in der Freizeit, der irrt. Aufgrund meiner Körpergröße von 1,76 m und meiner sportlichen Statur erinnert meine Ausstrahlung nicht an ein zartes Mädchen. Daher war es mir immer wichtig, die weibliche Seite an mir zwar hervorzuheben, aber eben nicht überzubetonen. Dazu kommt, dass ich knallige Farben einfach liebe: Pink, Rot, Orange oder gerne mal Lila oder ein kräftiges Blau.

Der eigene Stil

> *Wenn man weiß, was man tut, kann man machen, was man will.*

Von einer Stylistin, bei der ich mich vor einigen Jahren beraten ließ, habe ich einen sehr weisen Spruch gehört, den ich immer noch für gültig halte: „Wenn man weiß, was man tut, kann man machen, was man will." Sie meinte damit, dass man sich bewusst über die Wirkung seines Handelns, in diesem Fall die Wahl der Farben seines Make-ups, klar sein müsse. Wenn dies der Fall sei, agiere man bewusst und aus voller Absicht, dürfe aber dann nicht über die Reaktionen der anderen überrascht sein.

Sich selbst, seiner Wirkung und seines Auftretens bewusst zu sein, ist essenziell, denn dann kann man das aktiv steuern und wundert sich nicht über die Reaktionen, die man auf sich und sein Verhalten erhält.

- Bist Du Dir Deines Auftretens und Handelns bewusst?
- Hast Du Dir schon einmal bewusst Gedanken darüber gemacht, wie Du von anderen wahrgenommen werden möchtest – auf den ersten und den zweiten Blick?
- Wenn Du das für Dich bestimmt hast, überlege, ob es zu Dir passt und ob Du dabei authentisch bist. Die Bewerbung um einen neuen Job oder eine neue Position bietet einen idealen Anlass, das eigene Auftreten auf den Prüfstand zu stellen.

Bescheidenheit ziert nicht immer!

Es gibt einen weiteren Aspekt im Zusammenhang mit der Bewerbung um einen neuen Job, den ich erläutern möchte – auch weil ich kürzlich eine Erfahrung gemacht habe, von der ich dachte, eine Wiederholung sei ausgeschlossen.

Als ich mich in den 2000er-Jahren nach meinem Studium bewarb, gab es deutlich mehr Bewerber als offene Stellen. So kam es, dass ich als Uniabsolventin mit Diplom und Master of Business Administration in der Tasche, dreieinhalb Jahren Auslandsaufenthalten und knapp sechs Jahren Berufserfahrung in der Hotellerie auf rund 40 Bewerbungen kam, um gerade mal zwei Jobangebote zu erhalten. Was mir fehlte, war die relevante Berufserfahrung. Ich wollte raus aus der Hotellerie- und Tourismusbranche und rein in andere Wirtschaftszweige. Aber auch folgender Aspekt könnte zu der niedrigen Resonanz auf meine Bewerbungen geführt haben: Ich hatte mich nur auf die Stellenanzeigen beworben, auf die ich vom Anforderungsprofil her zu mindestens 95 % passte. Alle anderen hatte ich gar nicht erst in Betracht gezogen, weil ich dachte, dass ich ja sowieso nicht geeignet sei. Damit habe ich den Unternehmen die Chance genommen, einen „Exoten“ mit vielleicht genau den Softskills einzustellen, die ich mitgebracht hätte. Als Personalerin heute kann ich sagen, dass ich „Exoten-Bewerbungen“ immer spannend finde und mit in Betracht ziehe.

Mein Verhalten seinerzeit war – und ist es vermutlich noch – typisch für viele Frauen. Eine Studie des Kompetenzzentrums Fachkräftesicherung (Kofa), die in der FAZ zitiert wird[11], beschreibt, dass sich gerade studierte und hochqualifizierte Frauen häufiger für Berufe bewerben, die unter ihren Qualifikationen liegen. Dies ist bei Männern nicht der Fall; sie bewerben sich eher auf Stellen, die über ihrer beruflichen Qualifikation liegen, so die Studie. Das mag daran liegen, dass Frauen für sich die Anforderungsprofile der Stellenanzeigen strenger auslegen, als es Männer tun. Hinzu kommt laut Studie, dass Männer offensiver mit ihren beruflichen Erfahrungen und informellen Kompetenzen umgehen als Frauen. Sie werfen Kenntnisse und Fähigkeiten, die nicht mit Zeugnissen oder Abschlüssen zu belegen sind, deutlich häufiger in die Waagschale als Frauen. Dies führt dazu, dass sich Männer in vielen Fällen besser darstellen oder ihre Kenntnisse und Fähigkeiten besser verkaufen können.

Daher profitieren insbesondre Frauen davon, wenn sie ihre Stärken kennen, einzusetzen wissen und dadurch Selbstvertrauen gewinnen. Dann fehlt es „nur“ noch an Mut, sich auf die Stellen zu bewerben, die auf den ersten Blick vielleicht zu anspruchsvoll erscheinen.

Ich hatte mir geschworen, dass mir so etwas, sollte ich mich jemals wieder bewerben wollen, nicht mehr passieren würde. Ich war fest entschlossen, mein Licht nicht mehr unter den Scheffel zu stellen und dass mich irgendwelche Anforderungen in Stellenanzeigen, die ich vielleicht nicht zu 100 % erfüllen würde, nicht von einer Bewerbung abhalten würden. Ausreichend Selbstvertrauen in das, was ich kann und was mich ausmacht, hatte ich mir in den letzten Jahren durch Selbstreflexion und Arbeit an meinem Auftreten und meiner Wirkung angeeignet.

Dennoch ist mir unlängst Folgendes passiert: Ich bin unternehmensintern angesprochen worden, weil man mich für geeignet hielt, eine anspruchsvolle Position in einem zentralen Unternehmensbereich zu bekleiden, in dem ich zuvor einige Monate beschäftigt war. Anscheinend hatte ich mir in dieser Zeit einen guten Ruf erarbeitet, sodass man sich jetzt an mich erinnerte. Da ich grundsätzlich offen für Gespräche bin und nicht sofort Nein sage, hatte man mir die Stelle genauer vorgestellt. Es stellte sich heraus, dass diese Stelle zwar sehr attraktiv, jedoch für meine Interessenslage nicht attraktiv genug war – ich hätte nur inhaltlich und mit Prozessen gearbeitet, jedoch keinerlei Personalverantwortung gehabt. Und das ist etwas, worauf ich nicht mehr verzichten möchte.

Ich ließ mir noch die Stellenausschreibung zukommen für den Fall, dass ich jemand anderen für die Position empfehlen könnte. Als ich sah, was in dieser mir soeben angebotenen Position gefordert war, hatte ich ein Déjà-vu. Da standen – wie ich fand – Anforderungen, die ich bei Weitem nicht alle erfüllt hätte – und man hatte mich angesprochen, weil man mich für die Position gewinnen wollte! Nach meiner Einschätzung hätte ich zu höchstens 70 % den Anforderungen in diesem Stellenprofil genügt, wenn überhaupt.

Zum Glück hatte das Gespräch stattgefunden, bevor ich die Stellenausschreibung zu sehen bekam. Sonst wäre ich womöglich in die Falle getappt: mich nicht zu bewerben, weil man denkt, man ist nicht gut genug.

Mein Learning:

- Anforderungen in Stellenbeschreibungen setzen nur einen groben Rahmen.
- Wenn man nicht alle Anforderungen erfüllt, heißt das noch lange nicht, dass man nicht doch für die Stelle geeignet ist.

Bewirb Dich mutig und mit großem Selbstvertrauen, aber immer authentisch!

Mein Rat an Dich:

- Trau Dich, bewirb Dich, auch wenn es laut Stellenanzeige nur zu 70 % oder 80 % passt.
- Jedes Gespräch bringt Dich weiter und macht Dich reicher an Erfahrungen.
- Wenn Du zu einem Gespräch eingeladen wirst, bedeutet das, dass Deine Bewerbung (Anschreiben, Lebenslauf, Zeugnisse) gar nicht so verkehrt war.
- Vielleicht bist gerade DU die Person, die aufgrund eines bestimmten Profils am besten auf die Stelle passt!
- Dass Dein Lebenslauf lückenlos und übersichtlich gestaltet, das Anschreiben fehlerfrei und ansprechend formuliert und die wichtigsten Zeugnisse angehängt sein sollten, versteht sich von selbst.

Der nächste Karriereschritt – vom Potenzialkandidaten zur Führungskraft

Oft ist es so, dass man für den nächsten Karriereschritt nicht den Arbeitgeber zu wechseln braucht, sondern diesen innerhalb eines Unternehmens machen kann – immer dann, wenn das Unternehmen groß genug ist oder unterschiedliche Unternehmenszweige hat. So ging es mir viele Male innerhalb des Konzerns, in dem ich nach wie vor tätig bin. Selbst wenn man in den meisten Fällen keine detaillierte Bewerbung schreiben muss wie jemand, der sich von extern bewirbt, so ist es doch gut, ein paar Dinge in der Vorbereitung zu beachten.

Ein gängiger Weg, um einen Jobwechsel innerhalb des eigenen Unternehmens zu generieren, ist, dass man angesprochen wird, weil woanders eine Vakanz besteht und man bereits auf sich aufmerksam gemacht hat. Es ist im Management bekannt, dass man mit seinen Kenntnissen und Fähigkeiten die geforderte Position gut bekleiden könnte. So ging es mir eigentlich fast jedes Mal, wenn ich intern die Position gewechselt habe.

Bevor man jedoch gefragt wird, muss man zunächst auf sich aufmerksam gemacht haben, und zwar am besten durch Engagement und Leistung. Wer sich permanent anstrengt, einen guten Job macht, eine authentische Persönlichkeit und damit erfolgreich ist, macht fast automatisch alles richtig. Gerade in großen Unternehmen, in denen es zentrale Prozesse zur Nachwuchsförderung gibt, wird regelmäßig über die sogenannten Potenzialkandidaten gesprochen.

Was einen Potenzialkandidaten kennzeichnet

In den von mir geführten Einheiten haben wir regelmäßig über Potenzialkandidaten gesprochen. Aber was genau macht einen Mitarbeitenden zum Potenzialkandidaten? Ich persönlich habe immer darauf geachtet, dass diese Person zuallererst ihren aktuellen Job erfolgreich und mit überdurchschnittlichem Engagement ausführt. Mit erfolgreich meine ich nicht unbedingt, dass dieser Mitarbeiter der beste von allen sein muss, aber schon zum besten bzw. erfolgreichsten Drittel gehört. Als ich Vertriebsführungskraft war und für die Managerentwicklung vorgeschlagen wurde, war ich nicht die Beste unter meinen Kollegen, aber ich gehörte zum besten Drittel.

Ein *erfolgreicher Mitarbeiter* zeigt, dass er sein Handwerk versteht und weiß, worauf es im aktuellen Job ankommt. Er kann Leistung zeigen und sich durchbeißen, wenn es mal sein muss. Zum Erfolg gehören Niederlagen, daher ist ein kurzfristiger Erfolg natürlich lange nicht so viel wert wie ein Erfolg, den der Mitarbeiter bereits über einen längeren Zeitraum vorweisen kann und in dem es auch Rückschläge gegeben hat.

Mindestens genauso wichtig ist das überdurchschnittliche *Engagement.* Die Übernahme von Sonderaufgaben oder Projekten, die außerhalb des eigenen Aufgabenbereichs liegen, zeigt immer, wieviel Interesse an anderen Themen vorhanden ist oder nicht. Wer neben seinem regulären Job noch zusätzliche Aufgaben übernimmt, muss *sich gut organisieren können,* damit Überstunden im Rahmen und die eigene Gesundheit erhalten bleiben. Um dies zu erreichen, muss man *delegieren können.* Man ist schlecht beraten, alles selbst zu erledigen. Dazu gehört jedoch auch, bereit zu sein, Verantwortung zu übernehmen, wenn mal etwas nicht klappen sollte, beispielsweise eine delegierte Aufgabe nicht pünktlich oder mit der gewünschten Qualität erledigt wird.

Zudem sollte man Wichtiges und Dringliches unterscheiden, d. h. *priorisieren können.* Wie ich in den Assessment Centern feststellen durfte, fällt dies vielen Menschen sehr schwer. Dringend ist eine Sache, wenn sie zeitkritisch ist, sprich: der Zeitfaktor eine Rolle spielt. Wichtigkeit hingegen bezieht sich aufs Inhaltliche. Nehmen wir das banale Beispiel der Steuererklärung im ersten Halbjahr eines Jahres. Dies zu erledigen ist wichtig, da in den meisten Fällen (zumindest im Privatbereich) Geld vom Finanzamt zurückgezahlt wird. Dringend wird diese Angelegenheit dann, wenn der durch das Finanzamt gesetzte Abgabetermin näher rückt.

Im geschäftlichen Ablauf gibt es viele Situationen, in denen man zwischen *dringend* und *wichtig* unterscheiden muss, weil man sehr selten in der glücklichen Lage ist, alles auf einmal erledigen zu können. Meistens hat man mehr Aufgaben auf dem Tisch, als man innerhalb eines Tages, einer Woche oder eines Monats erledigen kann. Dann ist man gut beraten, sich seine eigene Prioritätenliste anhand von Dringlichkeit und Wichtigkeit aufzustellen. Aber Vorsicht: Oft wird einem vom oberen Management suggeriert, dass alle Aufgaben und Projekte gleichermaßen dringend wie wichtig sind. Hier gilt es, sich bei der Priorisierung mit seinen zuständigen Führungskräften abzustimmen.

Last but not least möchte ich das Thema *Leidenschaft für den Job* beleuchten. Nicht nur ich behaupte, dass man einen Job, den man mit Leidenschaft macht, höchstwahrscheinlich auch besonders gut macht. Zumindest viel besser als einen Job, zu dem man sich täglich hinquälen muss, weil er inhaltlich nicht dem entspricht, was man gerne tut. Daher schaue ich als Manager bei der Suche nach Potenzialkandidaten immer auf die Leidenschaft, mit der ein Mitarbeiter seinen Job oder andere Aufgaben erledigt.

In vielen großen Unternehmen ist es so, dass die Potenzialkandidaten, wenn sie erst einmal als solche identifiziert wurden, weil sie viele der oben beschriebenen Eigenschaften haben, entsprechend gefördert werden. Diese Förderung kann in verschiedene Richtungen gehen: Viele interessieren sich für Führung, möchten selbst gerne einmal Führungskraft werden; dann ist ein Weg in Richtung Führungskräfteentwicklung richtig. Es gibt jedoch weitere Potenzialkandidaten, die an einer Fach- oder Projektkarriere interessiert sind. Auch dabei ist Führung wichtig. Denn als Projektleiter hat man später Verantwortung für ein Projektteam; vielleicht nicht im Rahmen einer disziplinarischen, aber fachlichen Führung. Das heißt: Um die Grundsätze der Mitarbeiterführung kommt man nicht herum.

- Wie sehen Deine Potenziale aus?
- Hast Du Dir schon einmal Gedanken darüber gemacht, was Dir mehr liegt: fachliche und inhaltliche Themen,

strategische Themen oder die Weiterentwicklung und Qualifizierung der Mitarbeiter?
- Kannst Du identifizieren, was Dir in Deinem Job am meisten Spaß macht?
- Wie viel Raum nehmen Deine „Lieblingstätigkeiten" in Deinem Arbeitsalltag ein?

Wenn das, was Dir Spaß macht, bereits einen Großteil Deiner Tätigkeit ausmacht, bist Du auf dem richtigen Weg und solltest schauen, welche Entwicklungsmöglichkeiten es in diesem Bereich gibt. Sollten die Tätigkeiten, die Dir am meisten Spaß machen und Dir am meisten liegen (oft stimmt das überein), nur zu einem kleinen Teil in Deiner täglichen Arbeit repräsentiert sein, bist Du wahrscheinlich oft nicht allzu motiviert, sondern frustriert. Dann wird es höchste Zeit nach Alternativen zu schauen, die besser zu dem passen, was Dir Spaß macht. Denn das sind meist die Dinge, die man am besten kann. Ein guter Business-Coach kann Dir helfen, die verschiedenen Aspekte dabei für Dich gedanklich zu sortieren.

> *Wähle einen Beruf, den Du liebst und Du brauchst keinen Tag in Deinem Leben mehr zu arbeiten.*
>
> **Konfuzius**

Bereit für den nächsten Schritt

Nehmen wir an, Du bist gut in Deinem Job, vielleicht gerade, weil Du ihn mit Leidenschaft ausübst. Das weißt Du und wissen auch andere – insbesondre Dein Vorgesetzter. Das ist gut! Denn das zeigt, dass Du auf Dich aufmerksam gemacht hast und dies aller Wahrscheinlichkeit nach durch Engagement, Leistung und Erfolg. Du spürst jedoch, dass Du Deinem eigenen Job langsam „entwächst", dass da noch mehr geht. Du hast Lust, in die nächste Hierarchieebene aufzusteigen, denn Du kannst Dich mit dem Job Deines Vorgesetzten identifizieren. Du hast ihn lange genug aus der Perspektive des Mitarbeiters erlebt und sein Verhalten als Führungskraft von der Seite aus beobachtet. Dir ist Führung nicht mehr fremd. Du spürst, dass Du das kannst und vor allem willst. Wenn dem so ist, dann bist Du bereit für den nächsten Schritt.

Wie aber kann man den nächsten Schritt initiieren? Ich kenne es so, dass mit jedem Mitarbeiter mindestens jährlich, oft auch halb- oder vierteljährlich über berufliche Themen gesprochen wird. Dazu gehören Themen wie die eigene Entwicklung und Perspektive im Unternehmen. So ein Jahresgespräch bietet einen guten Rahmen, seine Führungsambitionen zu deklarieren und sich mit seinem Vorgesetzten zu besprechen, wie eine Entwicklung dahin aussehen kann. Sollte das nächste Jahresgespräch aber noch zu weit in der Zukunft liegen, kann man immer die jeweilige Führungskraft um einen extra Gesprächstermin bitten und sein Anliegen dann vortragen.

Umgekehrt kann es passieren, dass man als Führungskraft einen bestimmten Mitarbeiter im Blick hat, der durch Leistung und Engagement positiv auffällt und gleichzeitig das Potenzial zur Führungskraft mitbringt. Möglicherweise hat dieser Mitarbeiter das selbst gar nicht im Blick, auf jeden Fall lohnt es sich aber, mit ihm oder ihr zu sprechen und diese Möglichkeit auszuloten. So jedenfalls habe ich es immer gehandhabt. Wenn mir jemand positiv aufgefallen ist, und zwar nicht nur in der Form, dass er oder sie ihren Job besonders gut gemacht hätte, sondern darüber hinaus übergreifende Themen oder Projekte begleitet oder gar geleitet hat, dann habe ich diesen Mitarbeiter angesprochen und gefragt, was seine oder ihre Perspektiven sind und ob das Thema Führungskarriere eine davon wäre.

Die Reaktionen darauf waren höchst unterschiedlich; es war alles dabei: von „... darüber habe ich mir noch nie Gedanken gemacht“ bis „... habe ich alles schon versucht, hat nicht geklappt“. Je nach Reaktion lote ich dann mit dem betreffenden Mitarbeiter aus, wie oder ob wir weiter über das Thema sprechen sollten.

Der Tag X als Führungskraft

Irgendwann kommt der Tag X und Du bist Führungskraft, entweder in dem Unternehmen, in dem Du vorher schon warst oder Du hast für diese Führungsposition den Job gewechselt. Jetzt geht es also los. Sicherlich hast Du Dir einen Plan gemacht, wie Du loslegen möchtest, und sicherlich hat Deine zuständige Führungskraft – Du wirst ja nicht gleich als Vorstand irgendwo angefangen haben, wenn doch: Glückwunsch! – Erwartungen an Dich geäußert. Es ist normal, dass man am Anfang aufgeregt und etwas unsicher ist und Fehler macht. Alles andere wäre ungewöhnlich. Unweigerlich kommt man ins Grübeln und macht sich Sorgen, ob der Job nicht doch eine Nummer zu groß für einen ist. Nein, ist er in den meisten Fällen nicht, man wächst schnell hinein, man braucht nur etwas Geduld und Vertrauen in sich selbst.

Ich erinnere mich genau an den Tag, an dem ich das erste Mal als frischgebackene Führungskraft in Erscheinung getreten bin. Das war im Dezember, kurz vor Weihnachten, im Rahmen einer Führungskräfteklausur, in der es um die Planung des nächsten Geschäftsjahres gehen sollte. Die Klausurtagung hatte noch nichts mit der Führungstätigkeit an sich zu tun, denn wir besprachen strategische und inhaltliche Schwerpunkte und lernten uns als Führungsteam kennen. Es war spannend für mich zu sehen, wie sich andere Führungskräfte in solchen Situationen verhalten, was für Fragen gestellt und was für Antworten gegeben werden.

Der häufigste Fehler von jungen Führungskräften in ihren ersten Führungsfunktionen ist, nicht authentisch zu sein. Viele geben vor, jemand zu sein, der sie nicht sind. Dies passiert meist unbewusst und gleichermaßen unbeabsichtigt. Da hat man sich jahrelang etwas von seinem Chef abgeschaut, was offenbar erfolgreich war, und versucht, dies jetzt selbst zur Anwendung zu bringen – leider mit dem Unterschied, dass es bei einem selbst nicht so erfolgreich wirkt wie beim ehemaligen Chef. Dies kann beispielsweise eine bestimmte Art und Weise des Ausdrucks oder der Formulierung sein. Ich hatte seinerzeit einen Chef, der immer eine eindeutige Erwartungshaltung formulierte, in etwa so: „Ich erwarte, dass Ihr dies und jenes mit Euren Teams zum Erfolg bringt und das genauso klar und deutlich kommuniziert. Lasst Euch auf keine Diskussionen ein." Natürlich war das für uns als Führungsteam verständlich und für uns war der Auftrag klar. Nur – wie bringe ich's rüber? Ich habe mir nach solchen Aufträgen immer überlegt, wie ich meine Teammitglieder, die erwartungsgemäß nicht bei allen meinen Themen vor Freude in die Luft gehüpft sind, von meinen Ideen überzeugen könnte. Hier war Fingerspitzengefühl gefragt und vor allem ein authentisches Auftreten. Ich hatte von vorneherein verloren, wenn ich mit den Formulierungen meines Chefs in die Teamrunde kam und loslegte. Ich war gut beraten, einen für mich passenden Weg zu finden, der der Sache, aber auch meinen Teammitgliedern und vor allem einem authentischen Auftreten gerecht wurde.

Führungskräfte in der Sandwichposition

Eine Führungskraft befindet sich per se in der sogenannten Sandwichposition, d. h., sie steht zwischen Mitarbeiterschaft und Management. Die Manager haben in der Regel die Personal- und Ergebnisverantwortung für die gesamte Einheit oder Abteilung. Die meiste Zeit des Arbeitstages verbringt die Führungskraft jedoch mit ihren Mitarbeitern. Entsprechend nahe ist man sich, was das Verständnis für die Situation der Mitarbeiter angeht. Die Mitarbeiter erwarten von ihrer Führungskraft, dass sie Verständnis hat für die operativen Herausforderungen, die es zu meistern gilt. Vom eigenen Chef, dem Manager, wird jedoch erwartet, dass die Unternehmensziele und die Strategie vertreten werden. „Gefangen" zwischen diesen beiden Ebenen befindet sich die Führungskraft in einer Sandwichposition und wird unter Umständen von beiden Seiten gleichsam zusammengedrückt.

Nicht für alle und jeden muss dies eine Herausforderung sein, für viele ist es das jedoch. Dabei müsste es das gar nicht sein und wäre es auch nicht, wenn alle Mitarbeiter in der Lage wären, die Unternehmensziele komplett zu verstehen und die Konsequenzen daraus für die eigene Funktion im Unternehmen abzuleiten. Dies setzt wiederum voraus, dass oberes und mittleres Management in der Lage sein müssten, die großen Unternehmensziele und Visionen auf jede einzelne Einheit und jede einzelne Mitarbeiterposition zu übersetzen und durchgängig verständlich zu machen.

Wenn es um die Vermittlungsfähigkeit geht, sind wir ganz schnell bei der klassischen Frage, wieso denn kein Geld für unbegrenzte Tagungsverpflegung mehr da ist und an Kugelschreibern gespart werden muss, wenn doch den Aktionären im selben Jahr eine Riesendividende ausgeschüttet wurde.

Um diese Fragen sinnvoll für die Mitarbeiterschaft beantworten zu können, bedarf es schon eines Hintergrundwissens, bestenfalls eines BWL-Studiums, mindestens jedoch einer guten Unternehmenskommunikation und eines gewissen betriebswirtschaftlichen Grundverständnisses.

Kommunikationsfallen

Zwar darf man annehmen, dass Manager der mittleren Ebene augenscheinlich widersprüchliche Sachverhalte, wie beispielsweise die oben beschriebenen Sparmaßnahmen bei gleichzeitiger Dividendenausschüttung, selbst verstehen und erläutern können. Die Praxis jedoch zeigt, dass sich oft nicht einmal die Zeit genommen wird, die Zusammenhänge wirklich zu vermitteln. Ich bin da keine Ausnahme. Mir ist es leider schon passiert, dass ich Zusammenhänge meinem Führungsteam und meinen Mitarbeitern nicht eingehend genug erläutert habe; einfach, weil ich dachte, dass alles schon klar sein müsste.

Fehler Nr. 1

Nur weil mir, die für eine Ebene des mittleren Managements qualifiziert ist und regelmäßig von der Unternehmensleitung in die entsprechenden Kommunikationsschleifen einbezogen wird, die betriebswirtschaftlichen Zusammenhänge des Unternehmens klar sind, heißt das noch lange nicht, dass dies genauso für meine Mitarbeiter bzw. die untere Führungsebene gilt. Zudem herrscht in vielen Unternehmen, gerade in größeren, hierarchisch geprägten Unternehmen, noch eine gewisse Angstkultur. Dies führt dazu, dass Mitarbeiter und/oder Führungskräfte Sorge haben, Fehler zu machen oder dumm dazustehen, wenn sie Fragen stellen. Die Folge ist, dass selbst Führungskräfte die Entscheidungen und die Kommunikation ihrer Chefs einfach so hinnehmen und nicht nachfragen, selbst dann nicht, wenn sie es nicht verstanden haben.

Fehler Nr. 2

Der Manager geht davon aus, dass alles klar ist, weil niemand nachfragt und man von Führungskräften erwarten kann, dass sie dies tun, sie sind schließlich Führungskräfte. An diesem Punkt stand ich schon. Ich hatte die Prägung der Mitarbeiter und den Fortbestand der veralteten Unternehmenskultur nicht beachtet, in der Chefentscheidungen weder angezweifelt noch hinterfragt und schon gar nicht infrage gestellt werden. Dabei bilde ich mir ein, dass ich immer versucht habe, in meinen Führungsteams eine Kommunikationskultur auf Augenhöhe zu implementieren, in der Fragen erlaubt sind, auch scheinbar dumme Fragen.

Fehler Nr. 3

Selbst wenn ich Fehler Nr. 1 und 2 nicht begangen und als Manager meiner Führungsmannschaft die Unternehmenszusammenhänge erläutert habe, alle Nachfragen geklärt und die Umsetzung in der Mannschaft besprochen wurden, kommt häufig Fehler Nr. 3 zum Tragen: der Umstand, dass die durchschnittliche Führungskraft die wirtschaftlichen Zusammenhänge, die einer unpopulären Entscheidung zugrunde liegen, zwar verstanden hat, jedoch nicht in der Lage ist, ihren Mitarbeitern diese genauso gut und verständlich zu erläutern wie zuvor der Manager. So kommt es, dass öfters unpopuläre Managemententscheidungen von den Führungskräften ohne böse Absicht einfach „durchgedrückt" werden. Das bringt die Führungskraft in eine sehr schwierige Situation, die eigentlich vermeidbar wäre. Sie gerät unter Druck, denn sie hat Entscheidungen umzusetzen, und sie macht sich gleichzeitig unbeliebt bei ihren Mitarbeitern, denn die Entscheidungen sind häufig unpopulär und haben etwas mit Reduzierung von Annehmlichkeiten oder Umstellung von Gewohnheiten zu tun.

Wenn der Führungskraft die innere Überzeugung oder das Verständnis für die Managemententscheidung fehlt, kann sie nicht mehr authentisch handeln. Zudem möchte sie nicht unbeliebt sein oder werden. Dann passiert häufig Folgendes: Die Führungskraft „heult mit den Wölfen". „Ich weiß auch nicht, warum die da oben das jetzt so entscheiden" oder „Ich finde diese Entscheidung auch nicht gut", sind dann häufige Statements den Mitarbeitern gegenüber.

Mit diesem Verhalten wird die Führungskraft jedoch nur kurzfristig Beliebtheit und Akzeptanz bei den Mitarbeitern erhalten, denn langfristig schätzen Mitarbeiter durchaus eine eindeutige Positionierung ihrer Führungskraft, die ja Orientierung geben sollte. Dies gilt auch dann, wenn mal nicht alles eitel Sonnenschein ist. Solange die Erklärungen und Argumente transparent und nachvollziehbar sind, können die meisten Mitarbeiter Verständnis für die Entscheidungen aufbringen.

Klarheit in der Positionierung

Ich weiß aus eigener Erfahrung, dass es nicht leicht ist, sich zu positionieren. Als Manager habe ich jedoch die Erwartung an meine Führungskräfte, dass sie dies tun. Zwar unmissverständlich, aber mit Fingerspitzengefühl für die Kommunikation mit dem Gegenüber – inhaltlich sowie vom Auftreten her. Das kann und muss man üben. Gut ist, wenn man dabei begleitet wird – vom eigenen Chef oder einem Coach.
Nun kannst Du nachvollziehen, wie man vom Potenzialkandidaten zur Führungskraft wird und welche Herausforderungen auf einen warten. Die Liste der Herausforderungen ist natürlich nicht abschließend.

- Welche Herausforderungen fallen Dir ein, denen Du vielleicht schon einmal begegnet bist, und wie bist Du damit umgegangen?
- Wer oder was hat Dir in diesen Situationen geholfen?
- Was kannst Du daraus für Empfehlungen ableiten, die Du Deinerseits Potenzialkandidaten mit auf den Weg geben möchtest?

4

Von der Führungskraft zur Führungspersönlichkeit

Das Ziel einer jeden Führungskraft sollte es sein, sich von einer FührungsKRAFT hin zu einer FührungsPERSÖNLICHKEIT zu entwickeln. Allein das Wort „Kraft“ durch das Wort „Persönlichkeit“ zu ersetzen, macht psychologisch schon einen Unterschied aus.

Um seine Führungspersönlichkeit zu entwickeln, braucht es ein paar dafür geeignete Eigenschaften. Die aus meiner Sicht wichtigsten sind Authentizität, Mut und Intuition, Entscheidungsfreude und gute kommunikative Fähigkeiten. Diese Liste ist nicht abschließend und Du wirst vermutlich viele davon bereits haben. Nur bist Du Dir vielleicht noch nicht sicher, wie Du diese Eigenschaften als Führungskraft einsetzen kannst.

Im Folgenden beschreibe ich, wie es mir gelungen, ist, meinen persönlichen Führungsstil zu erkennen, auszubauen und erfolgreich zu leben, und wie auch Dir das gelingen kann.

Den eigenen Führungsstil entwickeln und authentisch bleiben

Mit der Zeit entwickelt man seinen eigenen Führungsstil, ob man will oder nicht. Nur habe ich die Erfahrung gemacht, dass einem das nicht immer so klar ist. Ich habe stets Wert darauf gelegt, meine Teammitglieder für mich zu gewinnen. Ich wollte, dass sie hinter mir stehen, weil ich es geschafft habe, sie inhaltlich zu überzeugen, zu begeistern und zu motivieren, sodass wir alle gemeinsam in eine Richtung gehen – und zwar die Richtung, die ich vorgegeben hatte.

In zwischenmenschliche Beziehungen investieren

Zunächst war ich immer auf der zwischenmenschlichen Seite. Denn wie sollte ich jemanden überzeugen, wenn ich es nicht schaffte, dass er oder sie mir zuhört und mich und meine Argumente ernst nimmt? Dies ist intuitiv geschehen und hatte zur Folge, dass ich mich so manches Mal als dienstjunge Führungskraft gegen die Anweisung meines Chefs, Gespräche so sachlich und kurz und knapp wie möglich zu führen, verhalten habe. Ich sah einfach die Notwendigkeit, meine Gesprächspartner, die ich für mich und meine Ideen aufschließen wollte, zunächst auf der zwischenmenschlichen Seite kennenzulernen. Das hat Zeit in Anspruch genommen, da ich für manche Gespräche, wie zum Beispiel

Zielvereinbarungen, zwei oder drei Anläufe benötigte. Rückblickend ist es die Zeitinvestition wert gewesen und ich empfehle es heute noch allen dienstjungen Führungskräften, auch wenn alle und alles in nahezu allen Führungsetagen auf Zeiteffizienz getrimmt sind. Ein Kennenlernen, eine nachvollziehbare inhaltliche Argumentation und Zeit für die Pflege zwischenmenschlicher Kontakte sind die Basis für einen kooperativen Führungsstil auf Augenhöhe.

Natürlich gibt es Führungspositionen, in denen es wichtig ist, dass auf Ansage alles funktioniert. Ich denke an meinen Schwiegervater, der Leiter der Berufsfeuerwehr einer großen norddeutschen Stadt war und im Katastrophenfall mehr als eintausend Personen unter seinem Kommando hatte. Wenn es irgendwo einen Notfall gibt, muss es reichen, den Anweisungen des Chefs Folge zu leisten, da einfach keine Zeit für Diskussionen ist, wenn Menschleben in Gefahr sind. Dazu gehört jedoch, dass die Abläufe für solche Einsätze im Vorfeld genauestens durchdacht und geprobt worden sind, d. h., hier hat die aus meiner Sicht notwendige Argumentation, Überzeugung und Einbindung der Mitarbeiter zu einem vorgelagerten Zeitpunkt stattgefunden.

Schau also, in welcher Situation Du Dich befindest, und versuche zunächst, Deine Kollegen und Teammitglieder auf der menschlichen Seite einschätzen und kennenzulernen.

Mitarbeiter einbinden

Ein weiterer wichtiger Aspekt in Sachen guter Führung ist die Einbindung der Mitarbeiter oder Teammitglieder. Ich war immer gezwungen, meine Teammitglieder in Entscheidungen einzubauen, und zwar deshalb, weil ich diejenige mit der wenigsten fachlichen Erfahrung war. Ich war darauf angewiesen, dass fachliche Argumente zwischen meinen Mitarbeitern ausgetauscht wurden, um viele, vielleicht sogar alle Sichtweisen beleuchten zu können. Zwar sind in einem großen Konzern in der Regel viele Dinge vorgegeben, aber man kann oft als Manager und Führungskraft selbst entscheiden, WIE die Dinge umgesetzt werden; und dazu braucht es das „Buy-in" der Mitarbeiter, die hinterher für die Umsetzung verantwortlich sind.

Für mich als fachlich Unerfahrenste war es zunächst sehr befremdlich, die Meinung meiner Mitarbeiter einzuholen. War es doch lange eine Führungstugend, dass der Chef am meisten wusste und alle ihn immer fragen konnten, wenn sie nicht weiterwussten. Das ist das klassische „Chef-Bild": der allwissende Mensch, der zu jedem Problem eine Lösung hat, man braucht nur zu fragen. Nicht selten –das habe ich in meinen Anfängen als Führungskraft noch so erlebt – waren es die besten Teammitglieder, die dann prädestiniert dazu waren, zum nächsten Chef zu werden.

Ich habe oft gehört, dass man erst einmal selbst „durch den Schlamm robben" musste, um sich in Sachen Führung weiterzuentwickeln. Man musste selbst der Beste gewesen sein, bevor es in die nächste Stufe ging. Davon halte ich nicht viel. Zwar bin ich der Auffassung, dass man wissen muss, wovon man spricht, und den Job seiner Mitarbeiter kennen muss, damit man eine gute und akzeptierte Führungskraft sein kann, jedoch reicht es aus, den Job entweder kurz selbst gemacht oder eine Zeitlang hospitiert zu haben – je nachdem, wie schnell man Verständnis für die Prozesse und Arbeitsweisen erlangt.

Natürlich verunsichert es, sagen zu müssen, dass man etwas nicht weiß oder die Hintergründe nicht kennt, weil einem die Erfahrung fehlt. Für mich war es jedoch ein großer Lerneffekt, von der Unsicherheit des Nichtwissens wegzukommen und diese vermeintliche Schwäche in eine Stärke umzuwandeln, nämlich die Stärke der Mitarbeitereinbindung und -wertschätzung. Mir hat es irgendwann Spaß gemacht und tut es noch immer, mit meinem Führungsteam in einer Diskussion zu sitzen, mir die verschiedenen Ansichten und Argumente anzuhören, dabei entspannt meine eigene Meinung zu bilden und dann die Diskussion in Richtung einer Entscheidung und Beschlusslage zu lenken.

Authentisch agieren

Mein Führungsstil ist geprägt vom zwischenmenschlichen Miteinander und der Einbindung der Ansichten und Argumente meiner Mitarbeiter. Damit bin ich authentisch. Ich habe nie versucht, mich zu verstellen und beispielsweise meinen Leuten vorzumachen, dass ich das notwendige Fachwissen hätte, wenn ich es nicht hatte. Das hätten sie sofort gemerkt und dann hätte ich an Glaubwürdigkeit verloren. Denn nichts anderes ist Authentizität: Glaubwürdigkeit.

Authentizität halte ich mit für das Wichtigste, was eine gute Führungskraft ausmacht. Glaubwürdig zu sein ist für mich die Grundlage, um Vertrauen aufzubauen, und dies wiederum ist wichtig, um eine gute und fruchtbare Zusammenarbeit zu gestalten.

Überleg einmal für Dich:

- Was macht Deinen Führungsstil aus oder soll ihn einmal ausmachen?
- Was ist Dir wichtig, in welchen Dingen kannst Du authentisch auftreten?
- Hast Du viel Fachwissen und überzeugst auf Deinem Fachgebiet?
- Wie kannst Du Deine Fachkompetenz so einsetzen, dass noch Raum für die Ideen Deiner Mitarbeiter bleibt und Du nicht versucht bist, alle Lösungen gleich vorzugeben?
- Wenn Du derjenige bist, der eher weniger Fachkompetenz auf einem Gebiet hat, siehst Du darin eine Schwäche oder eher eine Stärke, so wie sich meine Sicht darauf entwickelt hat?

> *Bilde die Leute gut genug aus, damit sie gehen können, und behandele sie gut genug, damit sie nicht wollen.*
>
> Richard Branson

Intuition und Mut – einfach mal machen

Eine weitere Eigenschaft, der zunehmend in Business-Situationen Gewicht beigemessen wird, ist die Intuition. Über die Zeit habe ich gelernt, dass ich mich auf meine Intuition, also auf mein Bauchgefühl, verlassen kann.

Schon früher, als ich gerade erwachsen war und die ersten größeren Entscheidungen beruflicher Natur anstanden, habe ich oft nach dem Motto „einfach mal machen" gehandelt. Im Nachhinein stellte sich heraus, dass ich – meiner Intuition folgend – genau die richtigen Entscheidungen getroffen hatte. Im Folgenden schildere ich Dir die wichtigsten Bauchentscheidungen, die mein berufliches Leben nachhaltig geprägt haben. Sicherlich kannst Du die ein oder andere Parallele zu Deinem Leben ziehen.

Nachdem ich 1997 nach meinem Au-pair-Aufenthalt in Rom zurückgekehrt war, verwarf ich den Wunsch, Grundschullehrerin zu werden. Ich hatte gerne mit den Au-pair-Kindern gearbeitet, jedoch wollte ich das nicht mein ganzes Berufsleben lang machen. Zudem hatte ich Spaß an Fremdsprachen gewonnen. Dies war mir in der Schulzeit nie aufgefallen – wie auch, da spricht man ja nicht, sondern lernt nur Vokabeln und Grammatik, wenn man überhaupt lernt.

Ich entschied mich für eine Ausbildung zur Hotelfachfrau, die ich in zwei Jahren erfolgreich absolvierte. Offenbar hatte ich „Blut geleckt" fürs Reisen und vor allem Auslandsaufenthalte, sodass es mich nach Beendigung meiner Ausbildung wieder ins Ausland zog. Einem erneuten Bauchgefühl folgend, habe ich mich bei verschiedenen Hotels in Australien beworben und bin tatsächlich bei einem in Sydney genommen worden. Aus einem geplanten halben Jahr Aufenthalt sind dann elf Monate geworden, und ich wäre wahrscheinlich noch länger geblieben, wenn mein Visum dies erlaubt hätte. Da ich nicht genau wusste, ob ich im Anschluss an meine Tätigkeit im Hotel noch durch Down Under reisen wollte, hatte ich nur einen One-Way-Flug nach Australien gebucht. Ich sehe noch das Gesicht der Dame im Reisebüro vor mir, als sie mein Alter erfuhr (22), verbunden mit dem Wunsch nach einem One-Way-Ticket ans andere Ende der Welt. Was mir damals normal vorkam, könnte man vielleicht als mutig bezeichnen, jedenfalls habe ich es „einfach mal gemacht", und rückblickend war es eine der spannendsten Zeiten in meinem Leben: Ich lebte unverhofft genau zum Zeitpunkt der Olympischen Spiele in Sydney – also mittendrin im Geschehen.

Insgesamt habe ich dreieinhalb Jahre im Ausland gelebt, Australien war nur eine Station. Dies zeigt mir, dass es offenbar zu meinen Stärken gehört, mich auf neue Situationen und Menschen sehr schnell und sehr gut einstellen zu können, ohne mich groß anzustrengen. Und dies nicht nur in der Muttersprache, sondern ebenso in Fremdsprachen und im Kontext anderer Kulturen. Das kommt mir heute als Managerin noch zugute, denn ich zeichne mich dadurch aus, dass ich flexibel in unterschiedlichen Unternehmensbereichen einsetzbar bin und dort ziemlich schnell Fuß fasse.

In meinem zweiten Beispiel für intuitive Entscheidungen wird deutlich, dass zwar die Grundlage für diese Entscheidung wieder mit dem Bauch getroffen wurde, sich danach aber der Kopf einschaltete und diese Bauchentscheidung „abgesegnet" hat.

Nach meinem Jahresaufenthalt in Australien habe ich auch in Deutschland in der Hotellerie angeheuert und in verschiedenen Hotels gearbeitet, bis ich 26 Jahre alt war. Im Sommer 2003, nach gut fünf Jahren Berufsleben in der Hotellerie, kam mir der Gedanke, dass das noch nicht alles sein konnte. Mir fehlte weiterer Input, etwas mehr für die geistige Stimulation, praktische Arbeit hatte und kannte ich genug. Ich recherchierte nach neuen Möglichkeiten. Gedanken zu Aufenthalten an Hotelfachschulen verwarf ich schnell wieder, als ich im Lehrplan so praxisnahe Dinge wie „Fisch filetieren" las. Beim Blick in Richtung Studium fand ich in der Nähe meines Wohnorts eine Fachhochschule in privater Trägerschaft, die Betriebswirtschaftslehre mit Schwerpunkt Tourismus in Vollzeit anbot. Damit war mir schnell klar, dass ich nicht nur nichts mehr verdienen würde, sondern auch mit 26 Jahren wieder zu Hause anklopfen müsste. Meine Eltern waren glücklicherweise der Auffassung, dass es sich lohnt, in Bildung zu investieren, insbesondre in die ihrer Kinder, daher ermöglichten sie mir das Studium. Ich war dafür sehr dankbar und bin es bis heute, denn dieser Wechsel war die einschneidendste Entscheidung meines bisherigen beruflichen Lebens.

Das Bauchgefühl, etwas zu verändern war da. Zugegeben, „einfach mal machen" war hier nicht so leicht, denn ich musste genau überlegen, welche Art von beruflicher Weiterentwicklung wirklich sinnvoll wäre und sich lohnen würde. Nach finanzieller Unabhängigkeit wieder in finanzielle Abhängigkeit zu geraten, war nicht so einfach und brauchte Mut. Das Studium führte mich schließlich heraus aus der Hotellerie und hinein in die Versicherungs- und Finanzdienstleistungsbranche und eröffnete mir berufliche Chancen, die ich sonst nicht gehabt hätte. Eine Intuition, die sich in dem Gefühl äußerte, das könne nicht alles gewesen sein, hatte ich im Laufe meiner beruflichen Karriere öfters und meist folgten daraufhin Jobwechsel in einen anderen Aufgabenbereich.

Ich kann nur raten, auf die kleinen Bauchgeräusche zu hören. Der Hunger nach mehr, das Gefühl, noch nicht erfüllt zu sein, sollte nicht ignoriert werden. Es lohnt sich, innezuhalten, das Gefühl einzuordnen und dann die Optionen auszuloten. Keine Sorge: Der Kopf schaltet sich automatisch ein, bevor man wirklich tiefgreifende Entscheidungen trifft. Und dass die Intuition wissenschaftlich belegt zu guten Entscheidungen führen kann, habe ich ja weiter vorne bereits erläutert.

Intuition und Mut, diese zuzulassen, erweitern das Handlungsspektrum einer Führungskraft.

In meinem heutigen Führungsalltag versuche ich, so oft wie möglich meiner Intuition Raum zu geben, zu hören, was sie sagt, um dann möglicherweise eine andere Denkrichtung einzuschlagen und damit mein Handlungsspektrum zu erweitern. Auch das macht eine gute Führungskraft aus: flexibel in der Denkrichtung zu sein und nicht festgefahren in die ein oder andere Richtung zu gehen.

Überleg Du doch einmal:

- Welche intuitiven Entscheidungen hast Du in der Vergangenheit getroffen, die Dich nicht nur menschlich, sondern im Nachhinein auch beruflich weitergebracht haben?
- Wie mutig warst Du bei den Entscheidungen, wieviel Intuition hast Du zugelassen?
- Waren dies im Nachhinein gute Entscheidungen für Dich?

Auf Stärken bauen

Über die Jahre habe ich gelernt, dass man nur gut ist in dem, was einem wirklich Spaß macht. Und umgekehrt – dies gilt besonders für mich: Was mich partout nicht interessiert, kann ich nicht. Ich habe dann regelrecht eine Blockade im Kopf, die ich nicht lösen kann. Wenn ich mich mit Dingen beschäftigen muss, für die ich nicht ein Mindestmaß an Interesse habe, kann ich sicher sein, dass ich kein Verständnis dafür aufbringe; ich stelle mich dann regelrecht dumm an, egal wie einfach die Zusammenhänge sein mögen.

Als ich im Anschluss an mein Diplom im Fach Betriebswirtschaftslehre in Südafrika Business Administration studierte, gab es zu einem bestimmten Zeitpunkt die Möglichkeit, aus verschiedenen Wahlpflichtfächern einige Kurse zusammenzustellen. Das hieß, dass ich eine bestimmte Anzahl von Kursen wählen musste, aber welche das waren, blieb mir überlassen. Da ich marketingorientiert war und schon in meinem Diplomstudiengang etliche Marketingkurse belegt hatte, meinte ich, es sei angebracht, mein Wissensspektrum im Bereich Finanzen zu erweitern, anstatt den dreizehnten Marketingkurs zu wählen. Ich wollte als BWLerin mir und der Welt beweisen, dass ich auch Finanzen kann – und nicht nur Marketing. Also wählte ich den Kurs „Portfoliomanagement", was ich dann freudestrahlend meinem Bruder, der damals in Südamerika studierte, erzählte. Mein Bruder ist – anders als ich – der absolute „Finanztyp". Nach seiner Bankausbildung, dem BWL-Studium und Doktortitel in Finanzen mit nicht einmal dreißig Jahren ist er später in der Unternehmensberatung und im Investmentbanking gelandet. Er hatte immer schon ein großes mathematisches und sonstiges Verständnis für Zahlen – im Gegensatz zu mir. Mir lagen Buchstaben mehr als Zahlen. Nun denn – ich wollte beweisen, dass ich mit Zahlen kann. Für die gewählten Kurse musste man sich vorbereiten und als ich zusammen mit ein paar Kommilitonen die ersten Aufgaben für den Portfoliomanagementkurs anging, merkte ich, dass ich schon jetzt, vor Kursbeginn, an meine Grenzen kam. Da außerdem alles auf Englisch war, verstand ich nicht einmal, was von mir verlangt wurde. Ich musste mir eingestehen, dass ich absolut überfordert war. Ich tat dann das einzig Sinnvolle. Ich meldete mich vom Kurs „Portfoliomanagement" ab und wählte stattdessen meinen dreizehnten Marketingkurs, mit dem ich dann mehr als happy war.

Zu jenem Zeitpunkt war ich dreißig Jahre alt, aber mir wurde erst einige Zeit später bewusst, dass ich mit der Aktion einen wichtigen Grundstein für mich gelegt hatte: Ich erkannte meine Grenzen und meine Stärken und stand dazu. Zwar ist es sinnvoll, Dinge auszuprobieren, die einem nicht so liegen – manchmal geht es nicht anders, aber es ist gut zu wissen, wo die eigenen Grenzen sind. Meine hatte ich definitiv gefunden.

Zunächst war es gar nicht so leicht, mir einzugestehen, dass ich einen Kurs abgewählt hatte, noch bevor er anfing, weil ich einfach überfordert war. Ich hatte in meinen Augen versagt. Mittlerweile ist mir klar, dass es vollkommen okay ist, seine Stärken zu kennen, einzusetzen und auch auszuspielen. Ich muss mir und der Welt nichts beweisen. Diese Erkenntnis finde ich ziemlich erleichternd.

Man darf mit seinen Stärken gehen und diese sogar ausbauen!

Meine Eigenschaften als Führungspersönlichkeit

Als Führungskraft und Managerin gehört es für mich selbstverständlich dazu, über sich und den eigenen Führungsstil nachzudenken und zu versuchen, ihn zu definieren. Mir war immer klar, dass mein Erfolg als Führungskraft einige wichtige Komponenten hat: Zuallererst kommen Engagement und Fleiß, gewisse Fach- und Prozesskenntnisse und gute kommunikative Fähigkeiten, aber auch die eigene Persönlichkeit und die eigenen Stärken, wenn richtig eingesetzt, können ein entscheidender Teil des Erfolgs einer Führungspersönlichkeit sein.

Natürlich bin ich im Laufe meiner Führungskraftkarriere mit Persönlichkeitstests in Berührung gekommen. Da gibt es die unterschiedlichsten, die versuchen, die Persönlichkeit anhand von Fragen zu Eigenschaften zu definieren und in Clustern abzubilden. Manche waren sinnvoll, weil mir die Eigenschaften meiner Persönlichkeit deutlich gezeigt wurden und ich dadurch sehr gut einordnen konnte, warum mir welche Tätigkeiten oder Aufgaben immer schwergefallen sind und warum ich mich mit manchen Dingen leichttue.

So richtig „auf den Nagel getroffen“ hat für mich der Strengthsfinder-Test von Gallup.[12] Hier werden in einem rund 20-minütigen Assessment, in dem man intuitiv und unter Zeitknappheit diverse Fragen beantworten muss, fünf Hauptstärken definiert, die charakteristisch für einen sind.

Das Interessante war für mich, dass hier scheinbar normale Eigenschaften als Stärken definiert werden, die ich nie für eine Stärke gehalten hätte. Um dies zu veranschaulichen, nenne ich zwei meiner Hauptstärken: Flexibilität und Harmoniebedürfnis.

Flexibilität

Während Flexibilität im beruflichen Kontext als Führungskraft oder Manager sehr geschätzt wird, gelte ich mit dieser Eigenschaft im privaten Umfeld zuweilen als sprunghaft, nur weil es mir leichtfällt, mich auf neue Situationen, wie eine neue Stadt oder ein neues Hobby, einzustellen. Mittlerweile weiß ich, dass dieses „Sprunghafte" nicht als Schwäche, sondern eher als Stärke zu sehen ist: Ich kann mich halt in kürzester Zeit auf neue Situationen einstellen und mich nicht nur zurechtfinden, sondern mich wirklich einleben. Dies wurde mir kürzlich wieder bei meinem Umzug in eine neue Stadt bewusst: Es dauerte kein halbes Jahr, bis ich einen neuen Kreis von Bekannten und Freunden aufgetan hatte.

Harmoniebedürfnis

Meine weitere TOP-Stärke Harmoniebedürfnis habe ich dagegen nicht sofort, schon gar nicht im Businesskontext, als Stärke gesehen. Mit diesem Ergebnis breitete sich in mir ein komisches Gefühl aus und insgeheim begann ich, an mir zu zweifeln. Meine Gedanken waren in etwa folgende: Wie kann es sein, dass Harmoniebedürfnis als eine meiner TOP-Stärken herausgekommen ist?! Ich bin doch jetzt über Jahre eine erfolgreiche Führungskraft, mit Personalverantwortung von über einhundert Mitarbeitern, sogar in diversen Vertriebseinheiten, da bin ich doch eine „toughe“ Managerin und alles andere als ein harmoniesüchtiges Mäuschen. Das muss ein Irrtum sein. Glücklicherweise hatten die Herausgeber dieses Strengthsfinder-Tests umfangreiche Erläuterungen für die einzelnen Stärken mitgeliefert. Als ich mir diese durchlas, wurde mir einiges klar.

Harmoniebedürfnis hat nichts damit zu tun, dass man konfliktscheu ist und immer nur alles „eitel Sonnenschein“ haben möchte. Vielmehr hat die harmoniebedürftige Person im Businesskontext ein Gespür dafür, konfliktäre Situationen zu erkennen und gegenzusteuern, indem alle Beteiligten direkt eingebunden werden und etwaig konträre Meinungen sofort auf den Tisch kommen. So werden die Themen gleich geklärt, ohne dass aufgrund verschleppter Kommunikation erst ein Konflikt entsteht. Zudem ist es der harmoniebedürftigen Person eigen, sehr früh zu erkennen, wenn sich jemand im Team zurückzieht, um dann umgehend nachzufragen und diese Person wieder einzubeziehen, noch bevor es zu einem Konflikt in der Gruppe kommen kann.

Als ich mir diese Erläuterungen zu Gemüte führte, erkannte ich sofort, dass diese Fähigkeiten zu einhundert Prozent auf mich zutreffen. Es war jedoch das erste Mal, dass ich darin Stärken sah. Mein Mindset hat sich dadurch geändert, was wiederum dazu geführt hat, dass ich seither versuche, diverse Eigenschaften bei mir oder bei meinen Mitarbeitern als Stärken zu sehen bzw. als Stärken zu entwickeln und einzusetzen.

Lust auf neue Herausforderungen

Eine weitere Eigenschaft beziehungsweise Stärke von mir ist, dass ich mich gerne neuen Herausforderungen stelle. Das ist nicht nur der Jobwechsel, den ich alle zwei bis drei Jahre brauche, um inhaltlich und in neuen Teams wieder durchstarten zu können; ich merke das auch im privaten Umfeld.

Als ich in meiner Jugend in zweiten Bundesliga Volleyball gespielt habe, war es für mich normal, ständig an meine Leistungsgrenzen zu gehen und mich und meinen Körper immer wieder neu herauszufordern. Es tat mir gut, mich zu fordern und mit anderen im Wettbewerb zu messen – sonst wäre ich wahrscheinlich nicht so lange im Vertrieb tätig gewesen. Ich bin ein Wettbewerbstyp, habe einen ausgeprägten Ehrgeiz und wollte in bestimmten Dingen die Beste,

Schnellste oder sonst was sein. Klappte es mal nicht, war ich frustriert – so wie damals, als es mir als sechzehnjährige talentierte Volleyballspielerin in der Regionalliga nicht gelang, eine Einladung des Jugendnationaltrainers für die Bundesauswahl zu erhalten. Heute bin ich mir nicht mehr sicher, ob es tatsächlich Frust oder einfach nur Neid auf Mitspielerinnen war, die hin und wieder solche Einladungen erhielten. Ich nehme an, es war Neid, denn wenn es wirklich Frust gewesen wäre, hätte ich mich dazu entscheiden können, mehr oder härter zu trainieren, um die Defizite, die ich offenbar noch hatte, zu kompensieren. Ich habe aber nie härter oder öfter trainiert als üblich, also war es mir anscheinend doch nicht ganz so wichtig.

Dieses Sich-selbst-Herausfordern ist es, was ich bis heute noch hin und wieder brauche, um mir zu bestätigen, dass ich es noch kann. Gerade hatte ich die Gelegenheit dazu. Da ich seit gut sechs Jahren reite, jedoch mit meinem Pferd aus verschiedenen Gründen bisher nicht in das Turniergeschäft eingestiegen bin, wollte ich mal meinen Status quo wissen. Da meine Stute für eine solche Herausforderung nicht gesund genug ist, habe ich auf einem Reiterhof mit den dortigen Lehrpferden den Abzeichenlehrgang für mein nächstes Reitabzeichen absolviert. Dafür hat man hat vier Tage praktisches Training in den beiden gewählten Disziplinen, in meinem Fall Dressurstunde und Springunterricht. Am fünften Tag war Prüfungstag. Zur Abzeichenprüfung gehört neben den beiden praktischen Teilen eine theoretische Prüfung zu Fragen der Pferdehaltung, -fütterung und Trainingslehre. Wenn ich abends mit ein paar Mitstreitern zusammensaß und die Bücher für die Theorie wälzte, habe ich mich so manches Mal gefragt, ob ich das wirklich brauche. Ich hätte einfach in den fünf Tagen mit gutem Unterricht reiten können, ohne Prüfungstag, und abends ganz relaxt mit den anderen Teilnehmern ohne Prüfungsabsicht die Tage ausklingen lassen können. Aber nein: Ich wollte mich der Prüfung unterziehen, also musste ich dafür lernen. Zwei Studiengänge, zwei Ausbildungen und diverse Weiterbildungen reichten nicht – es musste noch das Reitabzeichen sein, was ich dann auch bestanden habe.

Ich denke, dass die Eigenschaft, sich immer mal wieder neue Herausforderungen zu suchen und seinen Horizont zu erweitern, eine wichtige Eigenschaft für eine gute Führungspersönlichkeit ist. Schließlich ist die Übernahme von neuen Funktionen oder Positionen immer eine neue Herausforderung und je mehr Übung man damit hat, umso besser.

Jetzt bist Du dran:

- Was war Deine letzte Herausforderung, die Du Dir selbst gestellt hast, ohne dass Dich jemand dazu aufgefordert hat?
- Wie ist es dazu gekommen und inwieweit hat es Dich weitergebracht?

Inspiration durch Vorbilder

Vorbilder gehören zum Leben dazu und zum Lernen ohnehin. Im beruflichen Umfeld können die eigenen Vorgesetzten oder Kollegen gute Vorbilder sein, aber es können auch andere Menschen oder Figuren des öffentlichen Lebens als Vorbilder dienen.

Bei mir war es so, dass ich, wenn ich an meine ersten Vorgesetzten zurückdenke, eher gelernt habe, wie man es nicht macht – oder besser: wie ich es nicht machen möchte. Was ich teilweise erlebt habe, kann und möchte ich hier nicht wiedergeben. Nur so viel sei gesagt: Die Handlungen einiger meiner Chefs schienen willkürlich zu sein. Das brachte viel Unsicherheit ins Team, weil man nie wusste, ob und wann man selbst „der Nächste" war, der eine Abmahnung oder dergleichen erhalten würde. Ein Verhalten, geprägt von Willkür und wenig Transparenz, war für mich nicht nachvollziehbar. und mir war ziemlich schnell klar, dass ich nie so agieren würde. Weil es nicht zu mir passte. Ich bin nicht intransparent und als willkürlich würde ich mich gleichfalls nicht bezeichnen. Daher wäre so ein Verhalten nicht authentisch für mich.

Von anderen Vorgesetzten habe ich hingegen viel lernen können. Manche tickten ähnlich wie ich, waren mit vielen gleichen Persönlichkeitsmerkmalen ausgestattet, und hier konnte ich mich eher mit deren Verhaltens- und Führungsweise identifizieren. Der Führungsstil dieser Chefs war geprägt von Transparenz, Inklusion und klaren Zielen und

Aussagen. Man wusste immer, woran man war und warum. Das habe ich mir zum Vorbild genommen und versuche, dies täglich so in meinem eigenen Führungsalltag umzusetzen.

Natürlich gibt es Vorbilder außerhalb der Berufswelt. Ein großes Vorbild ist die nicht real existierende Figur Pippi Langstrumpf. Dieser von Astrid Lindgren (1907–2002) erfundene Charakter verkörpert viel von dem, was ich für Erwachsene und gerade in der heutigen Zeit für wichtig und erstrebenswert halte, aber später mehr dazu.

Zunächst bleiben wir bei den real existierenden Menschen. Da ich eine Historie im Leistungssport habe, sind unter meinen Vorbildern auch Leistungssportler zu finden. Ich bewundere bei vielen Sportlern, die über Jahre erfolgreich sind, die Konsequenz und die Leidenschaft, mit der sie ihren Sport betreiben, und natürlich die Geduld, mit Phasen der Schwäche oder des Aufbaus nach Verletzungen usw. umzugehen.

Vorbilder aus dem Sport

Zum Erfolg eines Leistungssportlers gehören die Merkmale seiner Persönlichkeit dazu; genauso ist es bei Führungskräften. Als ich im Jugendalter war, kam Steffi Graf gerade ganz groß heraus. Sie entwickelte sich zu einer der erfolgreichsten Tennisspielerinnen überhaupt,[13] weil sie nicht nur

Talent hatte, sondern zielstrebig und dabei – wie mir damals schien – sehr ruhig und besonnen war. Mir kam es immer so vor, als ob sie nichts aus der Ruhe bringen könne, sie machte einfach ihr Ding. Nebenbei wollte sie ein normales Leben führen, so heißt es. Dieses „normale" unprätentiöse Verhalten angesichts ihrer Berühmtheit fand ich immer bewundernswert. Genauso bewundernswert finde ich Sportler, die über eine lange Zeit erfolgreich sind. Hier ist zum Beispiel Ian Millar, ein kanadischer Springreiter, zu nennen, der an zehn Olympischen Spielen teilgenommen hat.[14] Gewonnen hat er nicht immer, aber er war offenbar über vier Jahrzehnte so gut und fit – und mit den richtigen Pferden ausgestattet –, dass er sich immer wieder qualifizierte.

Beim Reitsport bleibend, fallen mir zwei weitere Reitsportler ein, ein Vater-Tochter-Duo: Dr. Reiner Klimke und seine Tochter Ingrid Klimke. Als Elfjährige bewunderte ich ihn auf seinem Pferd Ahlerich bei den Olympischen Spielen 1988, wo er mit der Deutschen Mannschaft Dressur-Gold holte. Dr. Reiner Klimke hat mit verschiedenen Pferden insgesamt an sechs Olympischen Spielen teilgenommen.[15] Sein Talent scheint er an seine Tochter Ingrid Klimke weitergegeben zu haben. Was ich an ihr besonders bewundere, ist, dass sie buchstäblich vielseitig unterwegs ist. Sie reitet in der Hauptsache „Vielseitigkeit" (früher Military genannt), was so viel ist wie ein Mehrkampf – bestehend aus Dressurreiten, Springen und Geländeritt. Um wie sie in der Vielseitigkeit erfolgreich zu sein, muss man alle Disziplinen auf höchstem Niveau beherrschen, und das mit demselben Pferd. Wer selbst reitet, weiß, dass man neben einem vielseitig begabten Pferd auch selbst höchst flexibel sein und eben vielseitig Talent und Trainingserfolg beweisen muss.

Das Besondre am Reitsport ist, dass Pferd und Reiter als Team auftreten, zwei Lebewesen, Mensch und Tier. Daher ist meist der erfolgreich, der über Jahre eine Beziehung zu seinem Pferd aufgebaut hat, die auf gegenseitigem Vertrauen beruht. So etwas kann sich dann am Ende auszahlen und mit Erfolg belohnt werden, wie es beispielsweise Springreiter Hans Günter Winkler bei dem Olympischen Spielen 1956 passiert ist:[16] Während des ersten Wettkampfdurchgangs zog er sich einen Muskelriss zu und konnte sich kaum mehr im Sattel seiner Stute Halla halten, dennoch trug ihn Halla fehlerfrei durch den Spring-Parcours. Im zweiten Durchgang stieg er trotz starker Schmerzen wieder auf sein Pferd, konnte aber kaum noch seine Stute lenken, geschweige denn vor den Hindernissen richtig zum Absprung bringen. Dennoch trug ihn Halla fehlerfrei durch den Parcours und hin zur Goldmedaille. So etwas wäre nicht möglich gewesen, wenn die beiden, Pferd und Reiter, sich nicht über Jahre gekannt und gelernt hätten, sich blind zu verständigen und zu vertrauen. Ich habe letztens diesen legendären Goldmedaillen-Ritt nochmal angesehen und wirklich Gänsehaut bekommen.

So stelle ich mir die Umgebung einer guten Führungspersönlichkeit vor: ein über die Zeit aufgebautes Vertrauen zu den Mitarbeitern mit einem nahezu „blinden“ Verständnis füreinander, sodass in ungewohnten Situationen klar ist, dass man sich gegenseitig aufeinander verlassen kann. Dies können mal Stresssituationen sein oder aber auch eine längere Krankheit eines Teammitglieds oder des Chefs: Wenn dann die Leistung des übrigen Teams gleich hoch bleibt und der oder die Fehlende einfach kompensiert wird, heißt es, dass die zuständige Führungspersönlichkeit einiges richtig gemacht hat.

Vorbilder aus der Politik

In Politik und Wirtschaft gibt es ebenfalls Führungspersönlichkeiten, die mitunter als Vorbilder in Sachen Führungsstil fungieren können. Im Folgenden stelle ich verschiedene weibliche Führungspersönlichkeiten gegenüber. Trotz unterschiedlichem Führungsstil war jede auf ihre Art erfolgreich.

Richten wir zunächst einen Blick auf zwei in Deutschland und Europa bekannte Politikerinnen, die – jede für sich – als erfolgreich bezeichnet werden können. Angela Merkel und Margaret Thatcher haben einiges gemeinsam und sind doch so unterschiedlich in ihren Führungsstilen. Beide waren jeweils die ersten Frauen in ihren Positionen, Merkel als Bundeskanzlerin und Thatcher als Premierministerin Großbritanniens. Beiden wurde durch mehrere Wiederwahlen eine sehr lange Amtszeit zuteil: Merkel: 16 Jahre, Thatcher 11 Jahre. Der große Unterschied liegt im Führungsstil.

Dass jede auf ihre Art erfolgreich war, zeigen unter anderem die zahlreichen Wiederwahlen und das jeweilige politische Erbe, welches sie hinterließen.

Angela Merkel, Deutschlands langjährige Bundekanzlerin, gilt als eine der einflussreichsten Führungspersönlichkeiten unserer Zeit.[17] Sie war mit ihrem Führungsstil sehr anerkannt, weil sie wusste, wie man den richtigen Ton trifft. Ihr Führungsstil war geprägt durch Diplomatie. Sie versuchte immer, alle an einem Tisch zu versammeln, um Probleme zu lösen. Ihr Credo war Kooperation statt Konfrontation. Zudem war sie sehr sorgfältig, sie war immer die am besten vorbereitete Person in Meetings, was sicherlich zum Teil ihre Diplomatie begründete. Entschlossenheit und Pflichtbewusstsein waren zusätzlich Eigenschaften, die ihren über 16 Jahre Amtszeit so erfolgreichen und anerkannten Führungsstil prägten.

Margaret Thatcher war nach ihrem Wahlsieg 1979 die erste weibliche Regierungschefin Großbritanniens. Ihr Führungsstil war geprägt von Durchsetzungsstärke.[18] Sie wurde als autoritär bezeichnet, oft bringt man den Begriff „die Eiserne Lady" mit ihr in Verbindung. Im Gegensatz zu Merkel war Thatcher nicht besonders konsensfähig. Sie setzte ihre Ideen durch, ihr Führungsstil wurde teilweise als selbstherrlich und unbeugsam bezeichnet. Dennoch bliebt sie außergewöhnlich lange im Amt, nämlich gut 11 Jahre.

Beide Frauen handelten auf ihre Art authentisch. Hätte die eine den Führungsstil der anderen angenommen, wäre das nicht glaubhaft gewesen und umgekehrt. Hier wird erneut deutlich, dass Authentizität eine ausschlaggebende Rolle spielt.

Ein weiteres Beispiel für einen Führungsstil, mit dem ich mich sehr gut identifizieren kann, ist der von Neuseelands Premierministerin *Jacinda Ardern*. Eine amerikanische Zeitschrift bezeichnete ihn als den möglicherweise effektivsten Führungsstil auf diesem Planeten. Sie ist vor allem authentisch, sie selbst, sie zeigt sich ungeschminkt und im Schlabberpulli in der Öffentlichkeit genauso wie zurechtgemacht auf höchstem Niveau. Insbesondre ihre Art und Weise der Kommunikation ist prägnant: Sie ist geprägt von Hoffnung, Vereinigung und Mitgefühl – ganz anders als beispielsweise der von Donald Trump, ehemaliger Präsident der USA, der mit Angst und Ablehnung versuchte, sein Land zu regieren. Ihre authentische, zugewandte Art der Kommunikation darf jedoch nicht als ein Zeichen von Schwäche gewertet werden, denn Jacinda Ardern ist als sehr durchsetzungsstark und zielstrebig bekannt.[19] So setzte sie beispielsweise zur Corona-Pandemie die Maßnahmen mit einer großen Unnachgiebigkeit zum Wohle des neuseeländischen Volkes durch.

Jede der drei Frauen ist auf ihre Art authentisch und damit glaubwürdig. Aber auch Donald Trump war als Präsident der Vereinigten Staaten von Amerika authentisch und damit auf seine spezielle Art glaubwürdig. Die Glaubwürdigkeit bezieht sich jedoch primär darauf, dass man ihm abnahm, was er sagte, nicht dass man es für richtig hielt.

Donald Trump hat nichts vorgemacht, oft genug sind Taten direkt auf seine Worte gefolgt. Sein Führungsstil war geprägt durch klare Ziele und eine harte Hand, mit der er vier Jahre lang regierte. Er wird als entschlossen und sogar skrupellos bezeichnet. Sein Streben nach Macht stand immer im Vordergrund. Er war selten in der Lage, tragfähige Beziehungen zu Menschen aufzubauen und eine Gemeinschaft um sich herum zu schaffen, die sich, statt um seine Person, um seine Vision kümmerte.[20] Man kann von seinem Führungsstil halten, was man will – mein präferierter ist es nicht und ein Vorbild ebenfalls nicht –, das Thema Authentizität hat er jedoch bedient.

Nimm Dir die Zeit und überlege:

- Wer aus dem Sport, dem sonstigen öffentlichen Leben oder aus der nicht realen Welt fasziniert oder inspiriert Dich sogar?
- Dann schau genauer hin: Fasziniert Dich eine besondere Charaktereigenschaft dieser Person oder die persönliche Leistung?
- Im dritten Schritt kannst Du reflektieren, wie viel Du selbst davon schon an Dir hast und was Du von Deinem Vorbild noch lernen kannst.

5

Frauen führen besser …

Diese Behauptung ist natürlich eine Anmaßung, die ich weder belegen kann noch will. Darum geht es gar nicht. Vielmehr habe ich versucht darzustellen, wie man bzw. frau besser führen lernen kann. Dazu muss man sich nicht zwischen den Geschlechtern vergleichen, jedoch sollte man wissen, was es möglicherweise für Unterschiede in der Persönlichkeit und damit im Führungsverhalten gibt. Wichtig ist, dass man sich klar macht, wo die eigenen Stärken und Interessen liegen, und sein Führungsverhalten danach ausrichtet. Das Allerwichtigste ist jedoch, dass man, was immer man tut, authentisch bleibt …

… wenn sie authentisch sind!

Daher relativiert dieser Nachsatz die Behauptung von oben, lässt den Leser schmunzeln und möglicherweise erleichtert aufatmen, sollte er sich innerlich bereits auf ein wortreiches Duell der Geschlechter, gespickt von schlagkräftigen Argumenten pro und kontra Führungsstile, eingestellt haben.

Ich habe die Erfahrung gemacht, und beobachte dies gleichfalls bei vielen anderen Frauen in meinem beruflichen Umfeld, dass sie erst dann ihre Stärke in Sachen Führungskompetenz so richtig entfalten, wenn sie sich trauen, ihren eigenen Führungsstil zu entwickeln und so einzusetzen, dass sie keine „Rolle als Führungskraft" spielen, sondern vielmehr eine selbstsichere Führungspersönlichkeit geworden sind, die ihre Stärken bewusst und gekonnt, aber sehr authentisch einsetzt.

Es hat sich an vielen Stellen gezeigt, dass Authentizität eine der wichtigsten, wenn nicht die wichtigste Voraussetzung für eine erfolgreiche Führungspersönlichkeit ist. Daher stellt sich die Frage, wie man dies für sich entwickeln kann. Dazu ist es zunächst notwendig, dass man von sich selbst weiß, wie man tickt, was für Stärken und Interessen man hat und inwieweit diese das eigene Führungsverhalten positiv gestalten können. Vielleicht denkst Du gerade darüber nach, was es bei Dir sein könnte: Sind es die fachlichen, prozessseitigen oder doch eher die zwischenmenschlichen Tätigkeiten, die Dich faszinieren?

Wenn Du Dir unsicher bist – auch was das für die Entwicklung Deines Führungsstils bedeutet–, kann ich Dir empfehlen, die Unterstützung eines Business Coaches zu suchen, der Dir hilft, zu diesen Themen Deine Gedanken zu sortieren. Tools zur Einordnung der Persönlichkeitsmerkmale, wie das DISG®-Modell,[21] können hilfreich sein und Aufschluss darüber geben, was genau Deinen Persönlichkeitsstil prägt.

Hast Du Dir darüber erst einmal Klarheit verschafft, dann braucht es Mut, Deine Persönlichkeit im Beruf oder in einer Führungsposition einzusetzen. Wenn Du beispielsweise der Typ „Nähe“ oder „Menschenfreund“ bist und es Dir leichtfällt, Kontakt zu anderen aufzunehmen, dann darfst Du das gerne im Führungsalltag einfließen lassen. Du musst hier nicht künstlich auf Distanz gehen. Sei mutig, Du selbst zu sein. Du hast dann zwar keine vermeintlichen Schutzschilder mehr, die Dir das „Verstellen“ geben, Du bist dafür jedoch sehr nahbar und greifbar für Deine Mitarbeiter und Kollegen. Da aus Greifbarsein schnell Angreifbarsein werden kann, eben weil man ohne Schutzschild mit offenem Visier unterwegs ist, braucht man wirklich Mut, authentisch und man selbst zu sein.

… wenn sie sich an mutige Vorbilder wie Pippi Langstrumpf halten

An dieser Stelle komme ich noch einmal auf Pippi Langstrumpf zurück. Als Kind habe ich Pippi Langstrumpf geliebt und bewundert. Nicht nur, weil sie ein Pferd hatte (und ich damals noch nicht), sondern weil sie mutig, stark und selbstsicher war. Diese drei Eigenschaften sind aber nicht alles, was die berühmte Rothaarige vorweisen kann: Pippi Langstrumpf ist außerdem lustig und humorvoll, gerecht und ausgleichend, inspirierend und motivierend, unterhaltsam und ideenreich sowie unkonventionell, auf sympathische Weise frech und sogar ein bisschen rebellisch. Und dabei immer authentisch. Kurzum: Pippi Langstrumpf war für mich ein Idol und stand für vieles, was ich meinte zu sein und zusätzlich gerne sein wollte. In meiner Kindheit musste jedes Jahr an Karneval das Pippi-Langstrumpf-Kostüm her. Ich wollte einmal im Jahr so sein wie sie. Vor allem die mutige, unkonventionelle und rebellische Seite an ihr liebte und bewunderte ich wohl am meisten. Vielleicht, weil ich mich noch nicht traute, diese Seiten an mir zu zeigen, obwohl ich sie bereits hatte. Ich traute mich damals offenbar nicht, authentisch zu sein.

Jahrzehnte später, als schon gestandene Managerin, kam mir Pippi Langstrumpf wieder in den Sinn und ich musste erkennen, dass mich ihre Charaktereigenschaften und ihr authentisches, selbstsicheres Auftreten immer noch faszinierten. Daher habe ich für mich beschlossen, ein bisschen

Pippi Langstrumpf in meiner Persönlichkeit zuzulassen – dort, wo es passt. Die freche Göre hilft mir heute immer noch, mir hin und wieder vor Augen zu führen, welche Eigenschaften von ihr ich an mir wiederfinde, selbst wenn sie vielleicht (noch) nicht so ausgeprägt sind. Ich versuche dann, diese stärker bei mir zu entwickeln, jedoch nur so weit, dass ich noch authentisch bin. In den meisten Fällen sind es die Themen Mut und Vertrauen in die eigenen Fähigkeiten. Getreu nach ihrem Motto „Das habe ich noch nie gemacht, daher bin ich sicher, dass ich es kann" springe ich manchmal über meinen Schatten und gebe mir einen Schubs, mir selbst Dinge zuzutrauen, die mir andere längst zugetraut hätten. An meinem Schreibtisch im Büro hängt eine Karte mit einem weiteren Spruch, der es für mich auf den Punkt bringt: „Sei jeden Tag Du selbst! – Es sei denn, Du kannst Pippi Langstrumpf sein, dann sei Pippi Langstrumpf!"

… wenn sie ihre Authentizität schulen – Pferde können dabei helfen

Was hat es mit den Pferden auf sich? Sie kommen ebenfalls ins Spiel, wenn man über authentisches Auftreten spricht.

Eine effektive Methode zur Überprüfung der eigenen Authentizität ist, dies mithilfe von Pferden zu tun, denn Pferde sind hochsensible Tiere und spüren sofort, wenn es Unstimmigkeiten zwischen innerem Gefühl und äußerem Auftreten gibt. Als Fluchttiere sind Pferde darauf angewiesen, ihre Umwelt und Veränderungen und Unstimmigkeiten darin schnellstmöglich zu erfassen, zu bewerten und dann entsprechend zu reagieren. Das wichtigste Ziel von Fluchttieren ist das Überleben. Ihr Instinkt sagt ihnen, dass der Säbelzahntiger auch heute noch überall lauern kann und man ständig auf der Hut sein muss. Damit soll nicht zum Ausdruck gebracht werden, dass Pferde sich von bestehenden Unstimmigkeiten zwischen Innerem und Äußerem eines Menschen in die Flucht schlagen lassen, aber man kann anhand ihrer Reaktion schon erkennen, dass sie vorhandene Unstimmigkeiten wahrgenommen haben. Sie reagieren dann beispielsweise verhalten oder sie ziehen sich zurück oder gehen einfach ihren eigenen Weg.

Ich habe die Erfahrung am eigenen Leib gemacht, als ich im Alter von über 40 Jahren und mit sehr wenig Pferde- und Reiterfahrung mein erstes eigenes Pferd gekauft hatte. Zu diesem Zeitpunkt war ich schon eine erfahrene Führungskraft in einem großen Unternehmen, bemerkte jedoch, dass ich meine 1,76 m große, rund 650 kg schwere Stute Swari nicht einmal über den Hof führen konnte. Sie war es, die mit mir an der Leine über den Hof marschierte, nicht umgekehrt. Das gab mir zu denken und ich grübelte, warum das so war. Eingestehen musste ich mir dann, dass ich tatsächlich unsicher im Umgang mit ihr war. Nach außen hin hatte ich – die Managerin – versucht, das zu überspielen, aber innen drin war ich unsicher, hatte ordentlich Respekt vor meiner Stute. Genau diese Unstimmigkeit hat sie gemerkt. Die Konsequenz war, dass sie die Führung in unserer „Zweier-Herde" übernommen hatte. Als ich das erkannte, war es mir ganz schön peinlich: Eine Managerin mit Personalverantwortung für knapp einhundert Mitarbeiter ist nicht in der Lage, ihr eigenes Pferd sicher zu führen. Nun ja, Einsicht ist der erste Schritt zur Besserung.

Nach etwas Training und gewonnener Sicherheit meinerseits änderte sich das Bild. Schon nach kurzer Zeit ging sie ganz entspannt mit gesenktem Kopf, was ein Zeichen der Akzeptanz des Menschen ist, der führt, neben mir her, und nun war ich es, die unsere kleine Zweier-Herde anführte. Mein Auftreten und mein inneres Gefühl der Sicherheit stimmten mittlerweile überein, und meine Stute quittierte dies mit Zufriedenheit und folgte mir entspannt auf Schritt und Tritt.

Die neu gewonnenen Erkenntnisse fand ich mehr als spannend. Vor allem der Aspekt, dass man vom Verhalten der Pferde untereinander und in der Interaktion mit dem Menschen viel für das eigene Führungsverhalten bei

Mitarbeitern ableiten kann, hat mich begeistert. Daher recherchierte ich zu diesem Thema und fand eine Weiterbildungsmöglichkeit zum Pferdegestützten Coach. Ich lernte, das Verhalten der Pferde als Reaktion auf das Verhalten von Menschen zu analysieren und dies als Coaching-Instrument für Klienten oder Mitarbeiter zu nutzen.

Diese Art Coaching wendete ich direkt bei meinen dienstjungen Führungskräften an. Ich hatte nämlich beobachtet, dass gerade meine dienstjungen Führungskräfte noch recht viel Unsicherheit ausstrahlten, wenn sie vor ihren Teams standen. Vor allem nahm ich etliche Unsicherheitsgesten wahr, wie verschränkte Arme und Beine, wenn von vorne präsentiert wurde, oder der Versuch, sich hinter einem Tisch oder Stuhl zu „verstecken", weil möglicherweise das Selbstvertrauen noch fehlte, sich präsent vor's Team zu stellen. Oft war das Resultat daraus, dass die Teammitglieder nicht richtig zuhörten bzw. der Führungskraft nicht ausreichend Aufmerksamkeit schenkten. Diese Lernfelder im Auftreten und in der Wirkung als Führungskraft wollte ich ihnen durch gezieltes Coaching zunächst bewusst machen, um dann mit ihnen gemeinsam daran zu arbeiten. Also habe ich meine dienstjungen Führungskräfte einzeln mit zu meiner Stute Swari genommen. Das war schon allein deswegen ungewöhnlich, weil für diese zwei Stunden auf dem Pferdehof eine ganz andere Kleiderordnung als gewohnt angesagt war: nämlich kein Business Outfit, auch kein Business Casual Outfit, sondern robuste Freizeitkleidung mit Gummistiefeln, wenn nötig.

Zu Beginn der Coaching-Sessions haben wir uns zunächst an den Rand der Koppel gestellt und die Pferdeherde beobachtet. Dabei habe ich ein wenig erläutert, was Führung innerhalb einer Pferdeherde bedeutet und was man daraus auf das eigene Team rückschließen kann. Das ist eine ganze Menge: Pferdeherden agieren annähernd wie Teams von Mitarbeitern. Es gibt immer einen, der vorausmarschiert, einige Mitläufer und ab und zu Außenseiter oder sogenannte Rebellen.

Im Anschluss an das Beobachten der Pferdeherde haben wir meine Stute von der Koppel geholt und erst einmal durch gemeinsames Putzen Bekanntschaft gemacht. Natürlich waren meine Mitarbeiter nervös, insbesondre wenn sie noch nie mit Pferden zu tun gehabt hatten und sich dann direkt einem so großen schwarzen Tier gegenübersahen. Durch eine behutsame Annäherung konnten die Ängste jedoch etwas abgebaut werden. Anschließend gingen wir mit meiner Stute auf einen eingezäunten Platz. Dort habe ich ein paar Kegel und Stangen als Slalom oder Hindernisse auf den Boden gelegt und meine Mitarbeiter probieren lassen, meine Stute an Strick und Halfter über die Stangen oder durch den Slalomkurs zu führen.

Was sich einfach anhört, ist aber in Wirklichkeit nicht immer so. Denn Pferde bewegen sich nur, wenn sie davon überzeugt sind, dass es Sinn macht, mitzukommen. Sinn macht es für Pferde immer dann, wenn sie Dir vertrauen und Dir folgen wollen oder wenn es am Ende etwas zur Belohnung gibt (meist Fressen). Letzteres scheidet beim Coaching aus, denn wir wollen die Tiere nicht bestechen, sondern sie dazu bringen, uns zu folgen, weil wir sie als Führungspersönlichkeiten überzeugen und sie uns vertrauen. Wenn das Pferd also nicht mitgehen möchte, dann möchte es nicht, und da hilft es nicht, am Strick zu ziehen, auch bei einem kleinen Pony nicht. Da können Pferde stur sein wie Esel.

Das gehörte zu den ersten Erfahrungen, die meine Mitarbeiter machen mussten. Ein Pferd bewegt sich nur, wenn es einen Sinn darin sieht mitzukommen. Das hieß auch, sie mussten erst einmal die Aufmerksamkeit der Stute auf sich ziehen, damit sie überhaupt die Chance hatten, Interesse zu wecken. Dies gelang den einzelnen Führungskräften unterschiedlich gut. Bei einer Mitarbeiterin, nennen wir sie Lena, gelang dies nicht auf Anhieb, denn mein Pferd fand ein heruntergefallenes Blatt vom Baum deutlich spannender als die Person, die sich am Ende des Stricks befand. Lena war einfach vorausgegangen und hatte darauf vertraut, dass Swari ihr folgen würde – was sie aber nicht tat. Als sich der Strick also spannte, drehte sich Lena um und stellte fest, dass das Pferd mit der Nase am Boden war, vollkommen beschäftigt damit, ein Eichenblatt anzuknabbern. Es bestand keinerlei Kontakt zwischen ihr und der Stute – außer durch den gespannten Strick. Lena hatte das Pferd, ihren Mitarbeiter in dieser Situation, nicht mitgenommen. Sie war einfach vorausgegangen im Glauben, ihr Mitarbeiter würde schon folgen. Sie blickte auch nicht zurück, erst der gespannte Strick machte ihr klar, dass Swari offenbar keinen Schritt mitgegangen war.

Ich unterbrach die Übung und fragte Lena, wie es ihr gehe und was aus ihrer Sicht passiert sei. Sie war natürlich nicht glücklich über die Situation, weil sie dachte, überzeugend auf ihren Mitarbeiter, also das Pferd, gewirkt zu haben. Sie musste feststellen, dass das Eichenblatt auf dem Boden offenbar spannender war als sie als Führungsperson. Mit dieser Erkenntnis versuchte Lena dann, die Aufmerksamkeit des Pferdes auf sich zu ziehen und es noch einmal mit dem Mitgehen zu probieren. Dazu drehte sich Lena, die vor der Unterbrechung der Übung rund zwei Meter entfernt und mit dem Rücken zum Pferd stand, in Richtung Pferd um und ging zu ihr. In diesem Moment hob meine Stute bereits den Kopf und schaute auf. Aha – die Aufmerksamkeit war nun da. Jetzt stellte sich Lena auf Schulterhöhe des Pferdes mit Blickrichtung in dieselbe Richtung wie das Pferd und ging ganz langsam, jedoch entschlossen los. Und wie auf ein unsichtbares Zeichen setzte sich mein Pferd in Bewegung und ging mit.

Da ich die ganze Übung, die nicht einmal zehn Minuten dauerte, auf meinem Handy aufgenommen hatte, konnten wir uns im Nachgang in Ruhe anschauen, welche Erkenntnisse wir daraus ziehen konnten. In Lenas Fall war es die Erkenntnis, sich als Führungskraft ihren Mitarbeitern zuzuwenden und auf sie zuzugehen, um zu erfahren, was ihnen hilft, ihre Aufmerksamkeit auf die Führungskraft zu richten, sich ihr anzuschließen und sich nicht von anderen Dingen ablenken zu lassen. Einfach vorauszumarschieren und zu hoffen, dass alle mitkommen, war für sie offenbar nicht die richtige Führungsmethode.

Das Pferdegestützte Coaching ist eine Coachingform, mit der man jedes Thema bearbeiten kann, das man mit sonst üblichem Business oder Life Coaching auch bearbeiten würde. Ich setze dieses Coaching für die Persönlichkeitsentwicklung von Mitarbeitern und Führungskräften im Bereich Business ein und meist werden Themen, wie Selbstvertrauen, Vertrauen im Allgemeinen, die eigenen Stärken, der eigene Führungsstil, Zielstrebigkeit oder Ergebnisorientierung, bearbeitet. Dies kann man sehr effektiv im Teamsetting als Seminar durchführen; dann agieren die anderen Teammitglieder als zusätzliche Beobachter und Feedbackgeber in den Übungen.

Bei den Übungen mit den Pferden agieren die Menschen außerhalb ihrer Komfortzone, weil sie mit einer Situation konfrontiert sind, die sie sonst nicht kennen. Dies gilt genauso für diejenigen, die den Umgang mit Pferden kennen, denn in den seltensten Fällen bearbeiten sie Themen ihrer Persönlichkeitsentwicklung im Beisein ihrer Pferde; da geht es meist um Dressurlektionen oder den nächsten Sprung über ein Hindernis.

In den Übungssequenzen außerhalb der eigenen Komfortzone ist es sehr schwierig, eine Rolle zu spielen, also nicht authentisch zu sein. Man agiert in den Übungen mit den Pferden tatsächlich authentisch und bekommt durch das neutrale und treffsichere Feedback der Pferde den Spiegel seines Verhaltens vorgehalten. Dieses Feedback ist deshalb so wertvoll, weil es keiner Bewertung, keiner Beurteilung und keinen sozialen Einflüssen unterliegt. Das Pferd weiß nicht, wer vor ihm steht: der Vorstandsvorsitzende oder der Azubi. Es wäre ihm auch egal. Es wird so reagieren, wie es derjenige, der vor ihm steht, durch sein Verhalten und Auftreten initiiert. Es wird das spiegeln, was übrigbleibt, nachdem alle Daten und Fakten sowie inhaltlichen Argumente abgezogen sind: die reine Wirkung der eigenen Persönlichkeit.

Zu guter Letzt

Mein Anliegen mit diesem Buch ist zu zeigen, dass es Mittel und Wege gibt, die eigene Führungspersönlichkeit zu gestalten. Du hast einiges darüber erfahren, wie sich die Frauenrolle in der Wirtschaft entwickelt hat, wie man zur Frauenquote stehen und wie man sich zu einer guten Führungspersönlichkeit entwickeln kann. Die Beispiele, die meinen beruflichen Werdegang und meinen Weg zur Führungspersönlichkeit beschreiben, sollen klar machen, dass nahezu alle Erfahrungen, positive wie negative, gut dafür sind zu lernen und mich zu dem gemacht haben, was ich heute bin: eine geschätzte Führungspersönlichkeit im mittleren Management eines DAX-Unternehmens.

Geholfen hat mir insbesondre, mir zwischendurch die Zeit zu nehmen, über meine persönliche Entwicklung zu reflektieren und mich dabei selbst zu hinterfragen, sodass ich mich ständig weiterentwickeln konnte. Dazu kann ich Dich nur ermutigen. Das Wichtigste, was bei Führungspersönlichkeiten stimmen muss, ist die Authentizität, da man dadurch glaubhaft ist. Wer authentisch ist, führt besser. Insbesondre Frauen brauchen manchmal etwas mehr Selbstvertrauen und Mut, um sich zu erlauben, authentisch zu sein. Nur zu – ich bestärke Dich hiermit ausdrücklich, es zu versuchen!

Lass Dich von Vorbildern inspirieren, finde Deine Stärken heraus, bring sie zum Einsatz und gib Deiner Intuition den notwendigen Raum, wenn Du Entscheidungen triffst.

Lass Dich gerne von einem erfahrenen Business Coach oder Mentor begleiten, um Deine Gedanken und Reflexionen immer mal wieder zu sortieren. Oder mach es wie Pippi Langstrumpf: Kauf Dir ein Pferd, das wird Dich schon lehren, authentisch und führungsstark zu sein!

Danksagung

Es ist mir ein Anliegen, mich bei denjenigen zu bedanken, die es mir direkt oder indirekt ermöglicht haben, dieses Buch zu schreiben.

An erster Stelle danke ich meiner leider viel zu früh verstorbenen Mutter, die mir als Deutschlehrerin die Liebe zu Buchstaben vererbt hat; ich bin mir sicher, sie blickt mit Freude zu mir herab. Generell bin ich meinen Eltern dankbar, dass sie immer darauf geachtet haben, dass ich mich „anständig" ausdrücke und ein gepflegtes Deutsch spreche. Das ist mir auf meinem Bildungsweg und beim Schreiben sehr zugutegekommen, obwohl es mich als Jugendliche eher genervt hat.

Sehr dankbar bin ich den verschiedenen Unternehmen, in denen ich gearbeitet habe und es noch immer tue, für die vielen wertvollen Erfahrungen mit den unterschiedlichen Teams, die ich als Managerin leiten durfte und darf. Diese Erfahrungen haben mich maßgeblich geprägt.

Einen besonderen Dank möchte ich Michael von Kunhardt aussprechen. Er begleitet mich seit Jahren als Coach und Mentor und zusammen mit seinem Team unterstützt er mich in meiner persönlichen Weiterentwicklung.

Auch wenn ich in meinem Freundes- und Bekanntenkreis immer schon den Ruf hatte, selten auf andere zu hören, sondern einfach meinen Kopf durchzusetzen, gab es sicherlich manch einen, der sich gefragt hat, ob ich das Projekt „Buch“ wirklich umsetzen würde. Dankbar bin ich allen, die ihre Zweifel für sich behalten und mir stattdessen Rückenwind gegeben haben.

Ebenfalls möchte ich meinem damaligen langjährigen Partner danken, der es vermieden hat, mir gute Ratschläge zu erteilen, sondern hinter mir gestanden, an mich geglaubt und mir den notwendigen Freiraum gegeben hat, dieses und ähnliche Projekte zu verwirklichen.

Ferner möchte ich mich bei meinem herausgebenden Verlag bedanken, dessen Ansprechpartner mich unkompliziert durch den Prozess des Schreibens und der Veröffentlichung begleitet und mir stets mit Rat und Tat zur Seite gestanden haben.

Last but not least bin ich sehr dankbar, dass ich die Erfahrung des Lernens von den Pferden machen durfte und dass meine Stute Swari mir täglich den Spiegel meines eigenen Verhaltens vorhält.

Autorenporträt

Henrike Wilkes, Jahrgang 1977, ist in einer Kleinstadt zwischen Ruhrgebiet und Rheinland aufgewachsen. Nach dem Abitur entdeckte sie ihre Leidenschaft für Menschen und Kommunikation im Rahmen eines Au-pair-Aufenthalts in Rom. Dem folgte eine 6-jährige berufliche Karriere in der Hotellerie in verschiedenen Regionen Deutschlands und in Australien zum Zeitpunkt der Olympischen Spiele. Ihre beiden Studiengänge der Betriebswirtschaftslehre absolvierte sie ebenfalls teilweise im Ausland – mit einem Semester an der Università Luigi Bocconi in Mailand und einem MBA-Abschluss an der University of Stellenbosch Business School, Südafrika. In ihrer über 12-jährigen Zeit als Führungskraft und Managerin in einem DAX-Unternehmen der Versicherungswirtschaft spezialisierte sie sich auf die Entwicklung von Führungskräften und setzte sich speziell für die Belange von Frauen im Business ein. So gründete sie ein firmeninternes Frauennetzwerk und drehte Imagefilme, um mehr Frauen für den Versicherungsvertrieb zu begeistern.

Da sie die Kombination aus Coaching und Führung besonders faszinierte, absolvierte Henrike Wilkes diverse Coachingausbildungen, um ihre Mitarbeitenden wirkungsvoll entwickeln zu können. Neben den klassischen Coachingmethoden setzt sie auf das Ungewöhnliche: Sie nutzt Pferde zum Coaching und in Führungskräfteseminaren, um die

Sinne der Teilnehmenden für deren nonverbale Kommunikation sowie Wirksamkeit und Authentizität zu schärfen. Dass man von Pferden sehr viel über Führung lernen kann, erlebt sie täglich mit ihrer großen und sehr dominanten Stute Swari.

Wer mehr über die Autorin erfahren möchte, erkundigt sich gerne auf ihrer Webseite www.henrike-wilkes.de. Dort kann auch der persönliche Kontakt zu ihr hergestellt werden.

Quellen

1
Frauen in Führungspositionen – immer noch nicht selbstverständlich?!

1 Human Resources Manager (2019): Diese Rechte haben Frauen in den letzten 100 Jahren errungen. https://www.humanresources-manager.de/arbeitsrecht/diese-rechte-haben-frauen-in-den-letzten-100-jahren-errungen/ (letzter Aufruf: 24.10.2022).

2 Deutscher Bundestag (2021): Deutscher Bundestag – Frauen und Männer. https://www.bundestag.de/webarchiv/abgeordnete/biografien19/mdb_zahlen_19/frauen_maenner-529508 (letzter Aufruf: 24.10.2022).

3 Destatis (2021): Gender Pay Gap 2020: Frauen verdienten 18 % weniger als Männer – Statistisches Bundesamt (destatis.de). https://www.destatis.de/DE/Presse/Pressemitteilungen/2021/03/PD21_106_621.html (letzter Aufruf: 24.10.2022).

4 Gesetz zur Durchsetzung der Gleichberechtigung von Frauen und Männern (Zweites Gleichberechtigungsgesetz – 2. GleiBG). https://www.gesetze-im-internet.de/gleichberg_2/BJNR140600994.html (letzter Aufruf: 17.10.2022).

5 BMFSFJ (2017): BMFSFJ – Gesetz für die gleichberechtigte Teilhabe von Frauen und Männern an Führungspositionen in der Privatwirtschaft und im öffentlichen Dienst. https://www.bmfsfj.de/bmfsfj/service/gesetze/gesetz-fuer-die-gleichberechtigte-teilhabe-von-frauen-und-maennern-an-fuehrungspositionen-in-der-privatwirtschaft-und-im-oeffentlichen-dienst-119350 (letzter Aufruf: 24.10.2022).

6 Tanja Kewes (2022): Diversität-Ranking: Allianz, SAP, Deutsche Telekom sind Gewinner (handelsblatt.com). https://app.handelsblatt.com/unternehmen/management-diversitaets-ranking-allianz-sap-und-deutsche-telekom-sind-die-gewinner/28374278.html (letzter Aufruf: 24.10.2022).

7 Tanja Kewes (2022): Frauenquote: Ohne geht es nicht (handelsblatt.com). https://app.handelsblatt.com/meinung/kommentare/kommentar-ohne-frauenquote-geht-es-nicht/28369414.html (letzter Aufruf: 24.10.2022).

2

Warum Führung?

8 Sonja Zmerli, Ofer Feldman (Hrsg.) (2022): Politische Psychologie. Handbuch für Wissenschaft und Studium, 2. Aufl., Baden-Baden: Nomos, S. 212f.

9 Maja Storch (2005): Das Geheimnis kluger Entscheidungen. München: Goldmann Verlag.

10 Statista (2021): Anzahl der Personen in Deutschland, die einen PKW-Führerschein besitzen, von 2018 bis 2021. www.statista.com. https://de.statista.com/statistik/daten/studie/172091/umfrage/besitz-eines-pkw-fuehrerscheins/ (letzter Aufruf: 24.10.2022).

3

Schritt für Schritt zur Führungskraft

11 Joel Hunold (2019): Frauen trauen sich am Jobmarkt wenig zu (faz.net). https://www.faz.net/aktuell/karriere-hochschule/buero-co/frauen-bewerben-sich-eher-fuer-jobs-unter-ihrem-niveau-16251423.html (letzter Aufruf: 24.10.2022).

4
Von der Führungskraft zur Führungspersönlichkeit

12 Gallup (2022): CliftonStrengths Online Talent Assessment | EN – Gallup (letzter Aufruf: 24.10.2022).

13 Ayna Li Taira (2022): Steffi Graf im Porträt: Was macht die Tennis-Legende heute? | Vogue Germany. https://www.vogue.de/lifestyle/artikel/steffi-graf (letzter Aufruf: 24.10.2022).

14 Ian Millar – Wikipedia. https://de.wikipedia.org/wiki/Ian_Millar (letzter Aufruf: 24.10.2022).

15 Reiner Klimke – Wikipedia. https://de.wikipedia.org/wiki/Reiner_Klimke (letzter Aufruf: 24.10.2022).

16 Kirsten Lemke (2018): Zum Tod von Hans Günter Winkler – Der Goldritt auf Halla im Jahr 1956 | deutschlandfunkkultur.de. https://www.deutschlandfunkkultur.de/zum-tod-von-hans-guenter-winkler-der-goldritt-auf-halla-im-100.html (letzter Aufruf: 24.10.2022).

17 Christine Lagarde (2019): Angela Merkel—Beim Führen den richtigen Ton treffen. International Monetary Fund. https://www.imf.org/de/News/Articles/2019/08/31/sp083119-Angela-Merkel-Striking-the-Right-Note-on-Leadership (letzter Aufruf: 24.10.2022).

18 Brigitte Baetz (2013): Margaret Thatcher war autoritär und durchsetzungsfähig | deutschlandfunk.de. https://www.deutschlandfunk.de/margaret-thatcher-war-autoritaer-und-durchsetzungsfaehig-100.html (letzter Aufruf: 24.10.2022).

19 TAZ (2020): Neuseelands Premierministerin: Die Kommunikatorin – taz.de. https://taz.de/Neuseelands-Premierministerin/!5686875/ (letzter Aufruf: 24.10.2022).

20 Randolf Jessl (2020): Kolumne Leadership: Was uns Trump in Sachen Führung lehrt | Personal | Haufe. https://www.haufe.de/personal/hr-management/kolumne-leadership-was-uns-trump-in-sachen-fuehrung-lehrt_80_529520.html (letzter Aufruf: 24.10.2022).

5
Frauen führen besser …

21 YouMagnus (2022): DiSG®-Theorie – Einführung in DiSG und seine Methode (disg-modell.de). https://www.disg-modell.de/ueber-disg/einfuehrung/ (letzter Aufruf: 24.10.2022).

Bildnachweis

Cover © Joliegraphie, Gina Wetzler
S. 19 © Juergen Nowak | Shutterstock 2067193394
S. 32 © Graphics-Design | Shutterstock 1546451882
© Ps.INL | Shutterstock 1198421176
S. 50 © Monkey Business Images | Shutterstock 1385852885
S. 64 © fizkes | Shutterstock 1963784116
S. 80 © Querformat, Jasmin Lindenthal
S. 86 © mentatdgt | Shutterstock 1025629720
S. 96 © mentatdgt | Shutterstock 1131384416
S. 112 © fizkes | Shutterstock 1480126874
S. 118 © l i g h t p o e t | Shutterstock 95685598
S. 124 © Mila Supinskaya Glashchenko | Shutterstock 282046673
S. 134 © Ground Picture | Shutterstock 1318339682
S. 144 © Southworks | Shutterstock 2128464992
S. 149 © fuen30 | Shutterstock 761872672
S. 164 © Joliegraphie, Gina Wetzler